U0155749

茶经

[唐] 陆羽 著

浑为一体　茶与自然　修身养性　精行俭德

苏州新闻出版集团

古吴轩出版社

图书在版编目（CIP）数据

茶经 / （唐）陆羽著. -- 苏州 ：古吴轩出版社，
2023.12
ISBN 978-7-5546-2234-6

Ⅰ．①茶… Ⅱ．①陆… Ⅲ．①《茶经》 Ⅳ.
①TS971.21

中国国家版本馆CIP数据核字（2023）第218202号

责任编辑：顾　熙
见习编辑：张　君
策　　划：村　上　牛宏岩
装帧设计：侯茗轩

书　　名：茶经
著　　者：[唐]陆　羽
出版发行：苏州新闻出版集团
　　　　　古吴轩出版社
　　　　　地址：苏州市八达街118号苏州新闻大厦30F
　　　　　电话：0512-65233679　　　邮编：215123
出 版 人：王乐飞
印　　刷：天宇万达印刷有限公司
开　　本：880mm×1230mm　　1/32
印　　张：5
字　　数：95千字
版　　次：2023年12月第1版
印　　次：2023年12月第1次印刷
书　　号：ISBN 978-7-5546-2234-6
定　　价：42.00元

如有印装质量问题，请与印刷厂联系。0318-5695320

目 录

一

之

源

茶者，南方之嘉木①也。一尺、二尺乃至数十尺。其巴山②峡川③，有两人合抱④者，伐而掇⑤之。其树如瓜芦⑥，叶如栀子⑦，花如白蔷薇⑧，实如栟榈⑨，

---

① 嘉木：美好的树木。

② 巴山：大巴山。广义的大巴山为绵延川、渝、甘、陕、鄂五省市边境山地的总称。四川、汉中两盆地界山。自西北而东南，包括摩天岭、米仓山和武当山等。狭义的大巴山，仅指汉江支流河谷以东，重庆、陕西、湖北三省市边境的山地。

③ 峡川：一指巫峡山，即巫山，主要指横贯湖北、重庆、湖南交界一带，东北—西南走向的连绵群峰；二指峡州，在三峡口，治所在今湖北宜昌。

④ 合抱：两臂围拢。常用以形容树木粗大。

⑤ 掇（duō）：拾取。

⑥ 瓜芦：又称"皋芦""高芦""皋卢"等。叶状如茶而大，味浓较苦。

⑦ 栀子：亦称"黄栀子""山栀"。茜草科。常绿灌木。果实入药，性寒、味苦，清热泻火、利湿、凉血、解毒。

⑧ 白蔷薇：蔷薇科。落叶灌木。树枝繁茂，枝上多刺。花形酷似茶花。

⑨ 栟榈（bīng lǘ）：亦作"栟闾"。木名。即棕榈。常绿乔木。

蒂如丁香①，根如胡桃②。瓜芦木，出广州③，似茶，至苦涩。栟榈，蒲葵④之属，其子似茶。胡桃与茶，根皆下孕⑤，兆⑥至瓦砾⑦，苗木上抽。

其字，或从草，或从木，或草木并。从草，当作"茶"，其字出《开元文字音义》⑧；从木，当作"搽"，其

---

① 丁香：亦称"丁子香""鸡舌"。桃金娘科。常绿乔木。叶对生，革质，卵状长椭圆形。夏季开花，花淡紫色，芳香。

② 胡桃：亦称"核桃"。胡桃科。落叶乔木，高可达30米。小枝粗，具片状髓心。羽状复叶。初夏开花。核果椭圆形或球形。种子富含油，味美。

③ 广州：三国吴黄武五年（226）分交州置州。治番禺（今广东广州）。辖境相当今广东、广西两省区除广东廉江以西、广西桂江中上游、容县、北流市以南、河池市宜州区西北以外的大部分地区；南朝以后渐小。隋大业初改为南海郡。唐武德时复为州，治南海县（今广州市）。

④ 蒲葵：亦称"扇叶葵"。棕榈科。常绿乔木状。单干直立，粗大。叶阔肾状扇形，直径达1米以上。早春开花，花黄绿色。果、根、叶均供药用。

⑤ 下孕：植物根系在土壤中往地下深处发育滋生。

⑥ 兆：卜兆。古人灼龟甲以占吉凶，其裂痕谓之兆。此处指茶树生长时根系将土地撑裂。

⑦ 瓦砾：瓦片与小石。此处指硬土层。

⑧ 《开元文字音义》：唐玄宗于开元二十三年（735）组织编定的字书，三十卷，已佚。

字出《本草》①。草木并，作"荼②"，其字出《尔雅》③。

其名，一曰茶，二曰槚④，三曰蔎⑤，四曰茗⑥，五曰荈⑦。周公⑧云："槚，苦荼。"扬执戟⑨云："蜀西南人谓茶曰蔎。"郭弘农⑩云："早取为茶，晚取为茗，或一曰荈耳。"

---

① 《本草》：唐高宗显庆四年（659），苏敬等重修的《新修本草》，又称《唐本草》。原书已佚，主要内容保存于后世诸家本草著作中。

② 荼："茶"的古字。

③ 《尔雅》：中国最早解释词义的专著。由汉初学者缀辑周、汉诸书旧文，递相增益而成。今本十九篇。

④ 槚（jiǎ）：茶树。

⑤ 蔎（shè）：香草。亦作茶的别称。

⑥ 茗：茶芽。一说是晚收的茶。

⑦ 荈（chuǎn）：晚采的茶。亦泛指茶。

⑧ 周公：西周初重要政治家。姬姓，名旦，亦称"叔旦"。文王之子，武王之弟。因采邑在周（今陕西岐山北），故称"周公"。

⑨ 扬执戟：扬雄（前53—后18），一作杨雄。西汉文学家、哲学家、语言学家。字子云，蜀郡成都（今属四川）人。成帝时为给事黄门郎。王莽时，校书天禄阁，官为大夫。以文章名世。早年好辞赋，曾模仿司马相如赋作《长杨》《甘泉》《羽猎》诸赋。

⑩ 郭弘农：郭璞（276—324），东晋文学家、训诂学家。字景纯，河东闻喜（今属山西）人。博学，好古文奇字，又喜阴阳卜筮之术。

其地，上者生烂石①，中者生砾壤②，下者生黄土③。凡艺④而不实⑤，植而罕茂⑥。法如种瓜⑦，三岁可采。野者上，园者次。阳崖⑧阴林⑨，紫者上，绿者次⑩；笋者上，芽者次⑪；叶卷上，叶舒⑫次。阴山坡谷者，不堪⑬采掇，性凝滞⑭，结瘕⑮疾。

---

① 烂石：掺杂了碎石的土壤。

② 砾壤：指砂质土壤或砂壤。

③ 黄土：干旱、半干旱气候条件下形成的一种新近系陆相堆积物。呈灰黄或褐黄色，富含碳酸钙，肉眼可见大孔隙，垂直节理发育，具湿陷性。

④ 艺：种植。

⑤ 实：结实，充满。

⑥ 植而罕茂：种植后很少能生长得茂盛。

⑦ 法如种瓜：北魏贾思勰《齐民要术·种瓜第十四》："凡种法，先以水净淘瓜子，以盐和之。先卧锄，耧却燥土，然后掊坑，大如斗口。纳瓜子四枚、大豆三个于堆旁向阳中。瓜生数叶，掐去豆。多锄则饶子，不锄则无实。"

⑧ 阳崖：向阳的山崖。

⑨ 阴林：茂林。因树木众多，浓荫蔽日，故称。

⑩ 紫者上，绿者次：芽叶呈紫色的为好，呈绿色的稍差。

⑪ 笋者上，芽者次：茶的嫩芽肥硕长大、状如竹笋的为好，芽头短促瘦小的较次。

⑫ 舒：伸展。

⑬ 不堪：不能。

⑭ 凝滞：本意为受阻而停留不进。此处指凝结不散。

⑮ 瘕（jiǎ）：现中医学指腹内结块。

茶之为用，味至寒，为饮，最宜精行①俭德②之人。若热渴、凝闷、脑疼、目涩、四支③烦④、百节⑤不舒，聊⑥四五啜⑦，与醍醐⑧、甘露⑨抗衡也。

采不时，造不精，杂以卉莽⑩，饮之成疾。茶为累⑪也，亦犹人参。上者生上党⑫，中者生百济⑬、新

---

① 精行：规矩的行为。

② 俭德：俭约的品德。

③ 四支：四肢，人的两手两足的合称。自肩至手指端为上肢，自髀枢至足趾端为下肢，上下左右相合，总称"四肢"。

④ 烦：疲乏无力。

⑤ 百节：指人体各个关节。

⑥ 聊：姑且。

⑦ 啜（chuò）：喝，吃。

⑧ 醍醐（tí hú）：酥酪上凝聚的油。

⑨ 甘露：甜美的露水。

⑩ 卉莽：野草。

⑪ 累：过失，妨害。

⑫ 上党：古县名。隋开皇中置。治今山西长治市。明洪武二年（1369）废入潞州。历为上党郡、潞州、隆德府治所。

⑬ 百济：朝鲜半岛古国。相传邹牟（亦称"朱蒙"）子温祚公元前18年创立于汉江流域，都慰礼城。1世纪初渐征服邻近各部，成为朝鲜半岛西南部强国。与中国存在较密切的政治隶属（册封朝贡）关系。

罗①，下者生高丽②。有生泽州③、易州④、幽州⑤、檀州⑥者，为药无效，况非此者。设服荠苨⑦，使六疾⑧不瘳⑨。知人参为累，则茶累尽矣。

---

① 新罗：朝鲜半岛古国。源于辰韩十二部中之斯卢部。公元4世纪建国。都金城（今庆州）。后征服邻近各部，成为朝鲜半岛东南部强国。与中国南北朝、隋唐有密切联系。9世纪衰落。

② 高丽：又称"高丽王朝""王氏高丽"，是朝鲜半岛古代国家之一。

③ 泽州：隋开皇初改建州为泽州。治高都（后改丹川，今山西晋城东北）。唐贞观初移治晋城（今市）。辖今山西东南部晋城市及沁水、阳城、泽州、高平、陵川等县地。

④ 易州：隋开皇元年（581）改南营州置，治今易县，后置易县为州治。因境内有易水得名。唐辖境相当今河北内长城以南，安新、满城以北，南拒马河以西。

⑤ 幽州：汉武帝所置十三刺史部之一。东汉治蓟县（今北京城西南隅）。辖今北京市、河北北部、山西小部、辽宁大部、天津市海河以北及朝鲜大同江流域。

⑥ 檀州：隋开皇十六年（596）分幽州置。治燕乐（今北京市密云区东北）。唐武德初移治密云（今北京市密云区）。辖境相当今密云一带。

⑦ 荠苨（jì nǐ）：药草名。根味甜，可入药。

⑧ 六疾：六种疾病，即寒疾、热疾、末（四肢）疾、腹疾、惑疾、心疾。《左传·昭公元年》："淫生六疾……阴淫寒疾，阳淫热疾，风淫末疾，雨淫腹疾，晦淫惑疾，明淫心疾。"后用以泛指各种疾病。

⑨ 瘳（chōu）：病愈。

二
之
具

茶笼

　　籯^①加追反，一曰篮，一曰笼，一曰筥^②。以竹织之，受五升^③，或一斗^④、二斗、三斗者，茶人负以采茶也。籯，《汉书》^⑤音盈，所谓："黄金满籯，不如一经^⑥。"颜师古^⑦云："籯，竹器也，受四升耳。"

① 籯（yíng）：竹笼。
② 筥（jǔ）：圆形的盛物竹器。
③ 升：全称"市升"。市制中计量液体和干散颗粒体容量的单位。1升=0.1斗=10合。唐代有大升、小升之分，大升约为现在的600毫升，小升约为现在的200毫升。
④ 斗：全称"市斗"。市制中计量液体和干散颗粒容量的单位。1斗=0.1石=10升。
⑤ 《汉书》：东汉班固撰。100卷，分120篇。中国第一部纪传体断代史。创始于班彪继《史记》而作的《后传》。彪死，子固整理补充，撰成本书。其中八表和《天文志》未成稿，由其妹班昭和马续续成。本书包举一代，是研究西汉历史的重要资料。
⑥ 经：指历来被尊崇为典范的著作或宗教的典籍。
⑦ 颜师古（581—645）：隋唐训诂学家。名籀，以字行（据《旧唐书》本传，《新唐书·儒学传》作"字籀"），京兆万年（今陕西西安）人。官至中书侍郎。撰《汉书注》《急就章注》《匡谬正俗》等，考证文字，多所订正。

灶^①，无用突^②者。

釜^③，用唇口^④者。

甑^⑤，或木或瓦，匪腰而泥^⑥，篮以箄^⑦之，篾以系之^⑧。始其蒸也，入乎箄；既其熟也，出乎箄。釜涸^⑨，注于甑中。甑，不带^⑩而泥之。又以榖^⑪木枝三亚者制之，散所蒸芽笋并叶，畏流其膏^⑫。

---

① 灶：用砖石或金属等制成，供烹煮食物、烧水的设备。此处指烹茶的小炉灶。

② 突：烟囱。

③ 釜：中国古代炊器。敛口，圆底，或有两耳。其用如鬲，置于灶口，上置甑以蒸煮。盛行于汉代。有铁制，也有铜制和陶制。

④ 唇口：敞口，锅口边沿向外反出。

⑤ 甑（zèng）：中国古代炊器。底部有许多透蒸汽的孔格，置于鬲或鍑上蒸煮，如同现代的蒸锅。也有无底另外加箄的。新石器时代晚期已有陶甑，商周时代又有青铜铸成的。

⑥ 匪腰而泥：将筐一样形状的甑与釜的连接处用泥封住，以保持热量不散失。匪，同"筐"，指圆形的盛物竹器。

⑦ 箄（bēi）：同"箄"，覆盖在甑底的竹箄。

⑧ 篾（miè）以系之：把竹篾系在箄子上，以便于从甑中取出。篾，薄竹皮，可以编制席子、篮子等。

⑨ 釜涸（hé）：锅中的水烧干了。涸，水干；枯竭。

⑩ 带：围绕。

⑪ 榖（gǔ）：木名。即构、楮。树皮可用以造纸。

⑫ 膏：黏稠液体，指茶叶中的液汁精华。

杵臼

杵①臼②，一曰碓③，惟恒用者佳。

规，一曰模，一曰棬④。以铁制之，或圆，或方，或花。

承，一曰台，一曰砧⑤。以石为之，不然，以槐、桑木半埋地中，遣⑥无所摇动。

檐⑦，一曰衣。以油绢⑧或雨衫⑨、单服⑩败者为

---

① 杵：捣物的棒槌。

② 臼（jiù）：臼状捣物容器的通称。

③ 碓（duì）：舂谷的设备。掘地安放石臼，上架木杠，杠端装杵或缚石，用脚踏动木杠，使杵起落，脱去谷粒的皮，或舂成粉。此处指捣茶的器具。

④ 棬（quān）：曲木制成的盂。

⑤ 砧（zhēn）：供切菜等用的木板。

⑥ 遣：使；教。

⑦ 檐：指下覆物体四旁冒出的部分。此处指铺在砧上的布，用以隔离砧与茶饼。

⑧ 油绢：用桐油涂绢绸制成的雨衣。

⑨ 雨衫：雨衣。

⑩ 单服：只有一层的衣服。

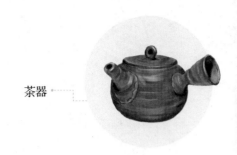

茶器

之，以檐置承上，又以规置檐上，以造茶也。茶成，举而易之。

　　芘莉①音杷离，一曰篣子，一曰篣筤②。以二小竹，长三尺，躯二尺五寸，柄五寸。以篾织方眼，如圃人③土罗④，阔二尺，以列茶也。

　　棨⑤，一曰锥刀，柄以坚木为之，用穿茶⑥也。

---

① 芘（pí）莉：芘、莉本是两种草名，此处指用草编织而成的一种晾晒器具。

② 篣筤（páng láng）：此处义同"芘莉"。是两种竹子名。此处指用竹编成的盛茶叶的工具。

③ 圃人：种植蔬菜、花草的人。

④ 土罗：筛土用的筛子。罗，一种细密的筛子。

⑤ 棨（qǐ）：本指木制的戟状物。此处指形似戟的锥刀。

⑥ 穿茶：焙干的团茶分斤两贯串，如中国古代的铜钱中有圆孔或方孔，可用线贯穿成串，以便贮蓄或携带，团茶因中间有孔洞，故可穿成一串，较利于运输和销售。

扑①，一曰鞭。以竹为之，穿茶以解②茶也。

焙③，凿地深二尺，阔二尺五寸，长一丈。上作短墙④，高二尺，泥之。

贯⑤，削竹为之，长二尺五寸，以贯茶焙之。

棚，一曰栈⑥，以木构于焙上，编木两层，高一尺，以焙茶也。茶之半干，升下棚；全干，升上棚。

---

① 扑：穿茶饼的绳索、竹条。
② 解：搬运，运送。
③ 焙（bèi）：本意为用火烘烤，此处指用来烘焙茶饼的土炉。
④ 短墙：矮墙。
⑤ 贯：焙茶时贯穿茶饼所用的长竹条。
⑥ 栈（zhàn）：木制而成的架子。

茶棚

穿①音钏，江东②、淮南③剖竹为之；巴川峡山④，纫⑤榖皮为之。江东以一斤为上穿，半斤为中穿，四两、五两为小穿。峡中⑥以一百二十斤为上穿，八十斤为中穿，五十斤为小穿。"穿"字旧作"钗钏⑦"之"钏"字，或作"贯串"。今则不然，如"磨、扇、弹、钻、缝"五字，文以平声书之，义以去声呼之，其字，以"穿"名之。

① 穿：用以贯穿茶饼的工具。
② 江东：长江在芜湖市、南京市间作西南南、东北北流向，是南北往来主要渡口所在，秦汉以后，习称自此以下的长江南岸地区为江东。三国时江东是孙吴的根据地，故当时亦称孙吴统治下的全部地区为江东。
③ 淮南：道名。唐贞观十道、开元十五道之一。开元后治扬州（今江苏扬州）。辖境相当今淮河以南，长江以北，东至海，西至湖北广水市、武汉市一带。
④ 巴川峡山：指四川东部、湖北西部地区，即今湖北宜昌至重庆奉节的三峡两岸。唐人称三峡以下的长江为"巴川"，又称"蜀江"。
⑤ 纫（rèn）：搓；捻。
⑥ 峡中：指湖北和重庆境内的三峡地区。
⑦ 钗钏（chāi chuàn）：钗，妇女的首饰，由两股合成。钏，手镯。

育①，以木制之，以竹编之，以纸糊之。中有隔，上有覆，下有床，傍有门，掩一扇。中置一器，贮塘煨②火，令煴煴③然。江南梅雨④时，焚之以火。育者，以其藏养为名。

茶器

① 育：此处指用来存储茶饼的器具。

② 塘煨（táng wēi）：热灰火。可以煨物。

③ 煴（yūn）煴：火势微弱貌。

④ 梅雨：亦作"霉雨"，亦称"黄梅雨"。初夏出现在中国江淮流域雨期较长的阴雨天气。因值梅子黄熟，故名。

三之造

凡采茶，在二月、三月、四月之间。茶之笋者，生烂石沃土，长四五寸，若薇蕨①始抽，凌露采焉②。茶之芽者，发于藂薄③之上，有三枝、四枝、五枝者，选其中枝颖拔④者采焉。其日⑤有雨不采，晴有云不采。晴，采之，蒸之，捣之，拍之，焙之，穿之，封之，茶之干矣。⑥

　　茶有千万状，卤莽而言⑦，如胡人靴者蹙缩⑧然京锥文⑨也，犎牛⑩臆⑪者廉襜⑫然，浮云出山者轮

① 薇蕨：薇科植物叶尖端卷曲，蕨科植物嫩叶前端卷曲如拳，此处比喻茶芽初抽时的样子。

② 凌露采焉：趁着晨露未干时采摘。

③ 藂（cóng）薄：草木丛生的地方。藂，同"丛"。

④ 颖拔：挺拔。

⑤ 其日：当天。

⑥ 茶之干矣：茶就制作好了。

⑦ 卤莽而言：粗略地说。卤莽，同"鲁莽"，粗率。

⑧ 蹙（cù）缩：收缩；皱缩。

⑨ 京锥文：大钻子刻的线纹。京，大；锥，钻孔的工具；文，花纹。

⑩ 犎（fēng）牛：瘤牛。颈肉高隆的牛。

⑪ 臆（yì）：胸。

⑫ 廉襜（chān）：帘襜。帘，用布、竹、苇等做成的遮蔽门窗用具。襜，系在衣服前面的围裙。此指像系围裙一样有皱褶。

囷^①然，轻飙^②拂水者涵澹^③然。有如陶家之子，罗膏土以水澄泚^④之谓澄泥也，又如新治地者，遇暴雨流潦^⑤之所经。此皆茶之精腴^⑥。有如竹箨^⑦者，枝干坚实，艰于蒸捣，故其形籭簁^⑧然上离下师。有如霜荷者，茎叶凋沮^⑨，易其状貌，故厥状委悴^⑩然。此皆茶之瘠老者也。

自采至于封，七经目^⑪。自胡靴至于霜荷，八等。或以光黑平正言嘉者，斯鉴之下也；以皱黄坳垤^⑫言佳者，鉴之次也。若皆言嘉及皆言不嘉者，鉴之上也。

---

① 轮囷（qūn）：屈曲貌。

② 轻飙：微风。飙，泛指风。

③ 涵澹（dàn）：水摇荡。

④ 澄泚（cǐ）：通过沉淀使水清亮。澄，使液体里的杂质沉淀下去。泚，鲜明貌。

⑤ 流潦（lǎo）：地面流动的积水。潦，雨后地面积水。

⑥ 精腴（yú）：指精良而肥美之状。

⑦ 箨（tuò）：俗称"笋壳"。竹类主秆所生的叶。竹笋时期包于笋外，在生长过程中陆续脱落。

⑧ 籭簁（shāi shāi）：毛羽始生貌。

⑨ 凋沮：萎谢败坏。

⑩ 委悴：衰败憔悴。委，通"萎"，衰败。

⑪ 目："七经"后衍"目"字。

⑫ 坳垤（ào dié）：本意为（地势）高低不平，此处指茶饼的表面凹凸不平。

何者？出膏者光，含膏者皱；宿制^①者则黑，日成者则黄；蒸压则平正，纵之^②则坳垤。此茶与草木叶一也。茶之否臧^③，存于口诀。

① 宿制：隔一夜再焙制。
② 纵之：敷衍了事，此处指蒸压不够紧实。
③ 否臧（pǐ zāng）：优劣。否，恶；臧，善。

四

之

器

风炉

风炉 灰承

风炉以铜铁铸之，如古鼎^①形。厚三分，缘阔九分，令六分虚中，致其朽墁^②。凡三足，古文^③书二十一字：一足云"坎上巽下离于中^④"，一足云"体均五行^⑤去百疾"，一足云"圣唐灭胡^⑥明年^⑦铸"。其三足之间，设三窗，底一窗以为通飙漏烬之所。上

---

① 鼎：中国古代炊器。多用青铜制成。圆形，三足两耳；也有长方四足的。盛行于商周时期，汉代仍流行。东周和汉代常用陶鼎作为随葬的明器。

② 朽墁（wū màn）：粉刷墙壁。此指风炉内壁涂泥。

③ 古文：上古的文字。广义指甲骨文、金文、籀文和战国时通行于六国的文字。

④ 坎上巽（xùn）下离于中：坎、巽、离均为《周易》卦名。坎象征水，巽象征风，离象征火。煮茶时，水在上部的锅中，风从炉底之下进入助火之燃，火在炉中燃烧。

⑤ 五行：水、火、木、金、土五种物质。中国古代思想家把这五种物质作为构成万物的元素，以说明世界万物的起源和多样性的统一。

⑥ 圣唐灭胡：指唐代宗广德元年（763）彻底平定安史之乱。

⑦ 明年：第二年。此处指公元764年。

并古文书六字：一窗之上书"伊公^①"二字，一窗之上书"羹陆"二字，一窗之上书"氏茶"二字，所谓"伊公羹，陆氏茶"也。置墆㙇^②于其内，设三格：其一格有翟^③焉，翟者，火禽也，画一卦曰离；其一格有彪^④焉，彪者，风兽也，画一卦曰巽；其一格有鱼焉，鱼者，水虫^⑤也，画一卦曰坎。巽主风，离主火，坎主水。风能兴火，火能熟水，故备其三卦焉。其饰，以连葩^⑥、垂蔓^⑦、曲水^⑧、方文^⑨之类。其炉，或锻铁^⑩为之，或运泥为之。其灰承，作三足铁柈^⑪枱之。

---

① 伊公：商初大臣。名伊，一说名挚。尹为官名。传为家奴出身，原为有莘氏女的陪嫁之臣。汤用为"小臣"，后任以国政，助汤攻灭夏桀。

② 墆㙇（dì niè）：堆积的小山、小土堆。此处指风炉内放置架锅用的支撑物，其上部形状像城墙堞雉一样。

③ 翟（dí）：长尾的野鸡。

④ 彪：小老虎。古人以虎为风兽。

⑤ 水虫：水生动物的统称。

⑥ 连葩：花朵连缀的图案。

⑦ 垂蔓：垂挂的枝蔓的图案。

⑧ 曲水：曲折的水波的图案。

⑨ 方文：方块或几何的图案。

⑩ 锻铁：打铁锻造。

⑪ 柈（pán）：盘子。

筥

筥，以竹织之，高一尺二寸，径阔七寸。或用藤，作木楦①如筥形织之，六出②圆眼。其底盖若利箧③口，铄④之。

炭挝⑤

炭挝，以铁六棱制之，长一尺，锐上丰中⑥，执细。头系一小镊，以饰挝也，若今之河陇⑦军人木吾⑧也。或作锤，或作斧，随其便也。

---

① 楦（xuàn）：将物体中空部分填塞或撑大。
② 六出：六片花瓣。花的分瓣叫"出"。雪花六角，因用为雪花的别名。此处指用竹条编织的六角形的洞眼。
③ 利箧（qiè）：用竹篾编成的小箱子。箧，小箱子。
④ 铄（shuò）：熔化。
⑤ 炭挝（zhuā）：铁棍，用以敲碎炭。挝，击，打。
⑥ 锐上丰中：上头尖，中间粗。
⑦ 河陇：古地区名。指河西与陇右。
⑧ 木吾：木棒名。汉代御史、校尉、郡守、都尉、县长之类官员皆用木吾夹车。吾，通"御"，抵御。

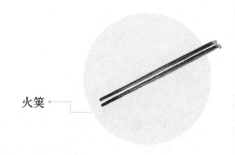

火筴

火筴

　　火筴，一名箸①，若常用者，圆直，一尺三寸。顶平截，无葱台、勾锁之属②。以铁或熟铜制之。

鍑③ 音辅，或作釜，或作䰎④

　　鍑，以生铁为之。今人有业冶者，所谓急铁，其铁以耕刀之趄⑤炼而铸之。内摸⑥土而外摸沙。土滑于内，易其摩涤；沙涩⑦于外，吸其炎焰。方其耳，以

---

① 箸（zhù）：筷子。
② 无葱台、勾锁之属：火筴顶端没有葱台、勾锁之类的装饰物。
③ 鍑（fù）：大口锅。
④ 䰎（fǔ）：古代炊器。
⑤ 耕刀之趄（qiè）：坏掉的、不能再使用的犁头。耕刀即犁头。趄，本意为斜，此处指损坏、破坏。
⑥ 摸：应为"抹"，涂抹。
⑦ 涩：不滑润，粗糙。

正令也^①。广其缘，以务远也。长其脐，以守中也。脐长^②则沸中，沸中则末^③易扬，末易扬则其味淳也。洪州^④以瓷为之，莱州^⑤以石为之，瓷与石皆雅器也，性非坚实，难可持久。用银为之，至洁，但涉于侈丽^⑥。雅则雅矣，洁亦洁矣，若用之恒，而卒归于银也。

交床^⑦

交床，以十字交之，剜^⑧中令虚，以支鍑也。

---

① 以正令也：使某物变得端正。

② 脐长：脐部突出。

③ 末：指茶末。

④ 洪州：隋开皇九年（589）置。治豫章（唐改南昌，北宋分置新建，皆今南昌市）。唐辖境相当今江西修水、锦江流域和南昌、丰城、进贤等市县地。

⑤ 莱州：隋开皇二年（582年，一作五年）改光州为莱州。治掖县（今莱州）。唐辖境相当今山东青岛市即墨区及莱州、莱阳、平度、莱西、海阳等市地。

⑥ 侈丽：奢侈华丽。

⑦ 交床：胡床。坐具。腿交叉，能折叠。其面穿绳为之。隋称"交床"，唐称"绳床"或"逍遥座"。此处借指用来放置鍑的架子。

⑧ 剜（wān）：用刀挖。

夹

夹，以小青竹为之，长一尺二寸。令一寸有节，节已上剖之，以炙茶也。彼竹之筱①，津润于火，假其香洁以益茶味，恐非林谷间莫之致。或用精铁、熟铜之类，取其久也。

纸囊

纸囊，以剡藤纸②白厚者夹缝之，以贮所炙茶，使不泄其香也。

---

① 筱（xiǎo）：小竹。
② 剡（shàn）藤纸：产于浙江剡溪（今浙江嵊州）而著名。

碾

碾 拂末①

    碾，以橘木为之，次以梨、桑、桐、柘②为之。内圆而外方。内圆，备于运行也；外方，制其倾危也。内容堕而外无余木。堕③，形如车轮，不辐④而轴⑤焉。长九寸，阔一寸七分。堕径三寸八分，中厚一寸，边厚半寸，轴中方而执⑥圆。其拂末，以鸟羽制之。

---

① 拂末：扫茶末用的一种工具。

② 柘（zhè）：桑科。落叶灌木至小乔木，常有刺。

③ 堕：这里指碾轮。

④ 辐（fú）：车轮中凑集于中心毂的直木。

⑤ 轴：轮轴。穿在轮子中间的圆柱形物件。

⑥ 执：拿；持。

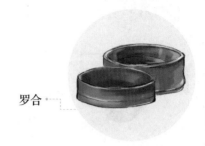

罗合

罗合①

罗末，以合盖贮之，以则②置合中。用巨竹剖而屈之，以纱绢衣③之。其合，以竹节为之，或屈杉以漆之。高三寸，盖一寸，底二寸，口径四寸。

则

则，以海贝④、蛎蛤⑤之属，或以铜、铁、竹匕⑥策⑦之类。则者，量也，准也，度也。凡煮水一升，

① 罗合：用竹篾编制而成的茶筛、茶盒。
② 则：茶则。古代烹试茶时量取茶末入汤的量具。
③ 衣：遮盖。
④ 海贝：生活在海洋沿岸的有壳的软体动物。
⑤ 蛎蛤（lì gé）：牡蛎的别名。肉味鲜美。
⑥ 匕：勺、匙类取食物的用具。
⑦ 策：古代用于计算的小筹。

…… 则

用末方寸匕^①。若好薄者减之，嗜浓者增之，故云
则也。

水方^②

水方，以椆木^③、槐、楸^④、梓^⑤等合之，其里并外
缝漆之，受一斗。

---

① 方寸匕：古代量药的器具。方寸，指其大小为一寸见方。一方寸匕的
容量，相当于十粒梧桐子大。
② 水方：煮茶、烧水时使用的贮水用具。
③ 椆（chóu）木：常绿乔木。木质坚重，耐寒。
④ 楸（qiū）：落叶乔木，高可达30米。树干端直。叶3枚轮生，三角状
卵形，全缘或3~5裂，无毛。夏季开花，两唇形，白色，内有紫斑。
⑤ 梓（zǐ）：落叶乔木。叶3枚轮生或对生，宽卵形或圆卵形，大，3~5
浅裂或全缘，无毛或微有毛。夏初开花，两唇形，淡黄色。

漉^①水囊

漉水囊，若常用者，其格以生铜铸之，以备水湿，无有苔秽^②腥涩^③意。以熟铜苔秽，铁腥涩也。林栖谷隐^④者，或用之竹木。木与竹非持久涉远之具，故用之生铜。其囊，织青竹以卷之，裁碧缣^⑤以缝之，纽翠钿^⑥以缀之，又作绿油囊^⑦以贮之。圆径五寸，柄一寸五分。

---

① 漉（lù）：过滤。

② 苔秽：指铜与氧化合的化合物，因其呈绿色，色如苔藓，故称。

③ 腥涩：铁腥涩。铁氧化后产生的性状。

④ 林栖谷隐：在山林间栖隐。亦指栖隐者。

⑤ 缣（jiān）：双丝的淡黄色绢。

⑥ 纽翠钿（diàn）：在纽上配以翠钿做装饰。翠钿，用翠玉制成的首饰。

⑦ 绿油囊：用绿油绢做成的防水袋。

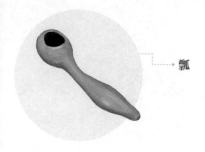

瓢

瓢

　　瓢，一曰牺杓①。剖瓠②为之，或刊③木为之。晋舍人杜育④《荈赋》⑤云："酌之以匏⑥。"匏，瓢也。口阔，胫薄，柄短。永嘉⑦中，余姚⑧人虞洪入瀑布山采茗，遇一道士，云："吾，丹丘子⑨，祈子他日瓯牺之余，乞相遗也。"牺，木杓也。今常用以梨木为之。

---

① 牺杓（sháo）：舀东西的器具，此处为瓢的别称。杓，同"勺"。

② 瓠（hù）：蔬类名，即瓠瓜。

③ 刊：刻；雕刻。

④ 杜育：字方叔，西晋襄城（今属河南）人。少聪颖，时号神童。及长，美风姿，有才藻，又号"杜圣"。曾任中书舍人、国子祭酒。

⑤ 《荈赋》：我国最早的茶诗赋作品。第一次完整地记载了茶叶种植、生长环境、采摘时节的劳动场景、烹茶、选水、茶具的选择和饮茶的效用等。原文已佚。

⑥ 匏（páo）：葫芦的一种。对半剖开可做水瓢。

⑦ 永嘉：晋怀帝年号（307—313）。

⑧ 余姚：在浙江省东部、姚江流域。西汉置县。元升州，明复县。1985年改设市。

⑨ 丹丘子：指从丹丘来的神仙。

竹筴^①

竹筴，或以桃、柳、蒲葵木为之，或以柿心木为
之。长一尺，银裹两头。

鹾簋^② 揭^③

鹾簋，以瓷为之，圆径四寸，若合形，或瓶或
罍^④，贮盐花^⑤也。其揭，竹制，长四寸一分，阔九
分。揭，策也。

---

① 竹筴：唐代煎茶时用于环击汤心的击拂茶具，即宋代以后所用的茶
　匕、茶箸。
② 鹾簋（cuó guǐ）：古代煮茶时放盐的器皿。鹾，盐。簋，中国古代
　食器。侈口，圈足，方座，或带盖。无耳或有两耳、四耳。青铜或陶
　制。用以盛食物。
③ 揭：取盐用的长竹片。
④ 罍（léi）：中国古代容器。青铜制。也有陶制。圆形或方形。小口、
　广肩、深腹、圈足，有盖，肩部有两环耳，腹下又有一鼻。用以盛酒
　和水。盛行于商周时期。
⑤ 盐花：盐霜；细盐粒。

盏托

熟盂①

熟盂，以贮熟水。或瓷，或沙，受二升。

碗

碗，越州②上，鼎州③次，婺州④次，岳州⑤次，

---

① 熟盂：用来盛热水的器皿。

② 越州：隋大业初改吴州置。治会稽（今浙江绍兴，唐后分置山阴）。辖境相当今浙江浦阳江流域（义乌市除外）、曹娥江流域及余姚市地。南宋绍兴元年（1131）升为绍兴府。唐、五代、宋时以产秘色窑瓷器著称，为宫廷供物，堪称青瓷中绝品。

③ 鼎州：唐曾经有二鼎州。一为唐武德元年（618）改凤林郡置，治弘农县（今河南灵宝）。贞观八年（634）废。二为武周天授二年（691）置，治云阳（今陕西泾阳北云阳镇）。久视元年（700）废。唐天祐三年（906）复置，治美原（今陕西富平东北美原镇）。此指鼎州窑。

④ 婺（wù）州：隋开皇九年（589）置州。治金华（今市）。唐辖境相当今浙江武义江、金华江流域各市县。此处指婺州窑。

⑤ 岳州：隋开皇九年改巴州置州。治巴陵（今湖南岳阳市）。唐辖今湖南洞庭湖东、南、北沿岸各市县地，后略小。元改为路，元末朱元璋改为府。1913年废。此处指岳州窑。

盏

寿州^①、洪州次。或者以邢州^②处越州上，殊为不然。若邢瓷类银，越瓷类玉，邢不如越一也；若邢瓷类雪，则越瓷类冰，邢不如越二也；邢瓷白而茶色丹，越瓷青而茶色绿，邢不如越三也。晋杜毓《荈赋》所谓"器择陶拣，出自东瓯^③"。瓯，越也。瓯，越州上，口唇不卷，底卷而浅，受半升已下。越州瓷、岳瓷皆青，青则益茶，茶作白红之色。邢州瓷白，茶色红；寿州瓷黄，茶色紫；洪州瓷褐，茶色黑，悉不宜茶。

---

① 寿州：隋开皇九年（589）改扬州置。治寿春（今安徽寿县）。唐辖境相当今安徽淮南、寿县、六安、霍山、霍邱等市县地。此处指寿州窑。
② 邢州：隋开皇十六年（596年）置。治龙冈（北宋末改名邢台，今河北邢台市）。唐辖境相当今河北巨鹿、广宗以西，泜河以南，沙河以北地。此处指邢州窑。
③ 东瓯（ōu）：古族名、古地区名。越族中的一支，亦称"瓯越"。秦、汉时分布在今浙江南部瓯江、灵江流域，相传是越王勾践的后裔。

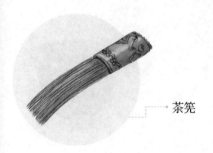

茶筅

畚①

畚，以白蒲②卷而编之，可贮碗十枚。或用筥，其纸帊③以剡纸夹缝令方，亦十之也。

札

札，缉④栟榈皮，以茱萸⑤木夹而缚之，或截竹束而管之，若巨笔形。

---

① 畚（běn）：古代用草绳编成的容器，后也用竹、木或其他材料为之，即畚箕。

② 白蒲：白色的蒲草。水生植物名，可以制席。嫩蒲可食。

③ 纸帊（pà）：套在茶碗外面的纸套子。帊，三幅宽的帛，一说指两幅宽的帛。

④ 缉：把麻析成缕捻接起来。

⑤ 茱萸：植物名。有浓烈香味，可入药。古代风俗，夏历九月九日重阳节，佩茱萸囊以去邪辟恶。

棕帚

涤方

涤方，以贮涤洗之余。用楸木合之，制如水方，受八升。

滓^①方

滓方，以集诸滓，制如涤方，处五升。

---

① 滓（zǐ）：液体中沉淀的杂质；污垢。

巾

巾

巾，以绝^①布为之，长二尺，作二枚，互用之，以洁诸器。

具列

具列，或作床^②，或作架，或纯木、纯竹而制之，或木或竹，黄黑可扃^③而漆者。长三尺，阔二尺，高六寸。具列者，悉敛诸器物，悉以陈列也。

---

① 绝（shī）：粗绸。
② 床：安置器物的架子。
③ 扃（jiōng）：门窗箱柜上的插关。

都篮

　　都篮，以悉设诸器而名之。以竹篾内作三角方眼，外以双篾阔者经①之，以单篾纤②者缚之，递压双经，作方眼，使玲珑。高一尺五寸，底阔一尺，高二寸，长二尺四寸，阔二尺。

---

① 经：织物的纵线。与"纬"相对。
② 纤：细小。

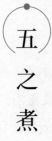

五
之
煮

茶罗子

　　凡炙茶，慎勿于风烬间炙，熛焰①如钻，使炎凉不均。持以逼火，屡其翻正，候炮②普教反出培嵝③，状虾蟆背，然后去火五寸。卷而舒，则本其始又炙之。若火干者，以气熟止；日干者，以柔止。

　　其始，若茶之至嫩者，蒸罢热捣，叶烂而芽笋存焉。假以力者，持千钧杵亦不之烂。如漆④科珠，壮士接之，不能驻⑤其指。及就，则似无穰⑥骨也。炙之，则其节若倪倪⑦如婴儿之臂耳。既而承热用纸囊贮之，

---

① 熛（biāo）焰：迸飞的火焰。

② 炮（páo）：一种烹饪法。把鱼、肉等物用油在旺火上急炒。此处指用火烘烤。

③ 培嵝（pǒu lǒu）：亦作"附娄""部娄"。小土丘。此处指突起的小疙瘩。

④ 漆：漆树，落叶乔木，高可达20米。小枝粗壮。喜光，生长快。木材黄色、细致，供细木工用材。

⑤ 驻：泛指屯驻或停留。

⑥ 穰（ráng）：同"瓤"，禾茎内包的白色柔软的部分。

⑦ 倪倪：幼弱。

精华之气无所散越①，候寒末之。末之上者，其屑如细米；末之下者，其屑如菱角。

其火，用炭，次用劲薪②。谓桑、槐、桐、枥③之类也。其炭，曾经燔炙④，为膻腻⑤所及，及膏木⑥、败器⑦，不用之。膏木为柏⑧、桂⑨、桧⑩也，败器，谓朽废器也。古人有劳薪之味⑪，信哉！

其水，用山水上，江水中，井水下。《荈赋》所谓："水则岷方之注⑫，挹彼清流。"其山水，拣乳

---

① 散越：散发，消散。
② 劲薪：指比较坚硬的木柴。
③ 枥（lì）：同"栎"。
④ 燔（fán）炙：指烤肉。
⑤ 膻腻：膻腥油腻的食物。
⑥ 膏木：富含油脂的树木。
⑦ 败器：朽坏腐烂的木器。
⑧ 柏：柏木，柏科。常绿乔木，高可达30米。小枝细，下垂。木材淡黄褐色、细致、有芳香，供建筑、家具等用材。
⑨ 桂：桂花树，木樨科。常绿灌木或小乔木。为珍贵的观赏芳香植物。
⑩ 桧（guì）：柏科。常绿乔木，高可达20米。树冠圆锥形。叶有鳞形及刺形两种。木材细致、坚实，供建筑、家具、工艺品、铅笔杆等用。
⑪ 劳薪之味：指用废旧或不适宜的木材烧煮，会使食物产生不好的味道。
⑫ 岷方之注：岷江中流着的清水。

泉①、石池慢流者上。其瀑涌湍漱②，勿食之，久食令人有颈疾③。又多别流于山谷者，澄浸不泄，自火天④至霜郊以前，或潜龙⑤蓄毒于其间，饮者可决之，以流其恶，使新泉涓涓然，酌之。其江水，取去人远者。井取汲多者。

其沸，如鱼目⑥，微有声，为一沸；缘边如涌泉连珠，为二沸；腾波鼓浪，为三沸。已上水老，不可食也。初沸，则水合量调之以盐味，谓弃其啜余⑦。啜，尝也，市税反，又市悦反。无乃鹾鏩而钟其一味乎？上古暂反，下吐滥反，无味也。第二沸，出水一瓢，以竹筴环激汤心，则量末当中心而下。有顷，势若奔涛溅沫，以所出水止之，而育其华⑧也。

---

① 乳泉：指钟乳石上的滴水。
② 瀑涌湍漱：飞溅翻涌的急流。
③ 颈疾：指颈部疾病。
④ 火天：夏天。五行火主夏，故称。
⑤ 潜龙：古时人们认为龙居于水中，故称"潜龙"。
⑥ 鱼目：水沸腾时冒出气泡，像是鱼眼睛，故称"鱼目"。
⑦ 弃其啜余：将尝剩下的水倒掉。
⑧ 华：茶的精华部分，指茶汤表面的浮沫。

凡酌，置诸碗，令沫饽①均。字书②并《本草》：饽，均茗沫也。蒲笏反。沫饽，汤之华也。华之薄者曰沫，厚者曰饽，细轻者曰花。如枣花漂漂然于环池之上，又如回潭③曲渚④青萍⑤之始生，又如晴天爽朗有浮云鳞然⑥。其沫者，若绿钱⑦浮于水渭，又如菊英⑧堕于樽俎⑨之中。饽者，以滓煮之，及沸，则重华累沫，皤皤然⑩若积雪耳。《荈赋》所谓"焕如积雪，烨若春薮⑪"，有之。

---

① 沫饽（bō）：茶水煮沸时产生的浮沫。
② 字书：汇集汉字，解说字义或字形、字音、字源等的书籍。如《说文解字》《玉篇》等。
③ 回潭：回旋曲折的潭水。
④ 渚（zhǔ）：水中的小块陆地。
⑤ 青萍：植物名。即浮萍。浮水小草本。植物体叶状，倒卵形或长椭圆形，浮在水面，两面均绿色，下面有根一条。
⑥ 浮云鳞然：鱼鳞状的云。
⑦ 绿钱：苔藓的别称。《广群芳谱·卉谱五》："苔，一名绿苔，一名品藻，一名品菭，一名泽葵，一名绿钱，一名重钱，一名圆藓，一名垢草。"
⑧ 菊英：植物名。通称"菊花"。菊科。多年生草本。英，花。
⑨ 樽俎（zūn zǔ）：古代盛酒肉的器皿。
⑩ 皤皤然：白首貌。此处指白色水沫。
⑪ 烨若春薮：灿烂得像春天的花。烨，光辉灿烂。薮，花叶舒展的样子。

第一煮水沸，而弃其沫，之上有水膜，如黑云母①，饮之则其味不正。其第一者为隽永，徐县、全县二反。至美者曰隽永。隽，味也。永，长也。味长曰隽永。《汉书》：蒯通著《隽永》二十篇也②。或留熟盂以贮之，以备育华救沸之用。诸第一与第二、第三碗次之，第四、第五碗外，非渴甚莫之饮。凡煮水一升，酌分五碗。碗数少至三，多至五。若人多至十，加两炉。乘热连饮之，以重浊凝其下，精英浮其上。如冷，则精英随气而竭，饮啜不消亦然矣。

茶性俭，不宜广，广则其味黯澹③。且如一满碗，

---

① 黑云母：矿物名。最常见的深色云母。云母，钾、镁、铁、锂、铝等的2:1型层状结构铝硅酸盐矿物。结晶呈单斜、三斜、三方或六方晶系，随多型的不同而异。

② 蒯（kuǎi）通著《隽永》二十篇也：蒯通，亦作"蒯彻"。西汉初范阳（治今河北定兴南固城镇）人。陈胜起义后，派武臣进取赵地，他说范阳令徐公归降，武臣不战而得赵地三十余城。后又说韩信取齐地，并劝信背叛刘邦，与楚、汉"三分天下，鼎足而立"。惠帝时，为丞相曹参宾客。著有《隽永》八十一篇，与此处所说二十篇有出入。

③ 黯澹：同"暗淡"。不明亮；不鲜明。

啜半而味寡，况其广乎！其色缃①也，其馨欻②也香至
美曰欻，欻音使。其味甘，槚也；不甘而苦，荈也；啜
苦咽甘，茶也。《本草》云："其味苦而不甘，槚也；甘
而不苦，荈也。"

---

① 缃（xiāng）：浅黄色。
② 欻（sǐ）：香美。

六之饮

翼而飞①，毛而走②，呋而言③，此三者俱生于天地间，饮啄④以活，饮之时义远矣哉！至若救渴，饮之以浆⑤；蠲⑥忧忿，饮之以酒；荡昏寐⑦，饮之以茶。

茶之为饮，发乎神农氏⑧，闻⑨于鲁周公。齐有晏婴⑩，汉有扬雄、司马相如⑪，吴有韦曜⑫，晋有刘

① 翼而飞：此处指长翅膀能飞的飞禽。
② 毛而走：此处指长毛的能跑的走兽。
③ 呋（qū）而言：此处指张口会说话的人类。
④ 饮啄：饮水啄食。引申为吃喝，生活。
⑤ 浆：泛指饮料。
⑥ 蠲（juān）：除去；减免。
⑦ 荡昏寐：消除昏沉困倦。荡，洗涤。
⑧ 神农氏：传说中农业和医药的发明者。相传远古人民以采集渔猎为生，他始作耒耜，教民耕作。又传他曾尝百草，发现药材，教人治病。
⑨ 闻：闻名，出名。
⑩ 晏婴（？—前500）：亦称"晏子"。春秋时齐国大夫。字平仲，夷维（今山东高密）人。齐灵公二十六年（前556），其父晏弱死，继任齐卿，历仕灵公、庄公、景公三世。
⑪ 司马相如（约前179—前118）：西汉辞赋家。字长卿，蜀郡成都（今属四川）人。景帝时为武骑常侍，因病免。去梁，从枚乘等游。所作《子虚赋》为武帝所赏识，因得召见，又作《上林赋》，武帝用为郎。
⑫ 韦曜（约204—273）：原名昭，避晋讳改，字弘嗣。吴郡云阳（今江苏丹阳）人。东吴四朝重臣。撰《吴书》《国语注》《洞纪》《官职训》《辨释名》等。

琨①、张载②、远祖纳③、谢安④、左思⑤之徒，皆饮
焉。滂时浸俗⑥，盛于国朝，两都⑦并荆⑧渝⑨间，以为
比屋之饮⑩。

---

① 刘琨（271—318）：西晋将领、诗人。字越石，中山魏昌（今河北定
  州东南）人。少与祖逖为友，中夜闻鸡起舞，互勉建功立业。闻逖被
  用，有"常恐祖生先吾著鞭"语。

② 张载：西晋文学家。字孟阳，安平武邑（今属河北）人。官至中书侍
  郎，领著作。后因世乱，称病告归。与弟协、亢，俱以文学著名，时
  称"三张"。其诗颇重辞藻。原有集，已失传。

③ 远祖纳：陆纳（约326—395），字祖言，吴郡吴县（今江苏苏州）
  人。少有清操，贞厉绝俗。累迁黄门侍郎、本州别驾、尚书吏部郎，
  出为吴兴郡太守。陆羽与之同姓，尊为远祖，故称"远祖纳"。

④ 谢安（320—385）：东晋陈郡阳夏（今河南太康）人，字安石。出身
  士族。有盛名。年四十余始出仕。孝武帝时，位至宰相。

⑤ 左思（约250—约305）：西晋文学家。字太冲，齐国临淄（今山东淄
  博市临淄区北）人。曾官秘书郎。后退出仕途，专意典籍。出身寒
  微，不好交游。《晋书》本传谓其构思十年，写成《三都赋》。

⑥ 滂时浸俗：指形成社会风气。

⑦ 两都：指西汉的西都长安、东都洛阳。

⑧ 荆：荆州。汉武帝所置十三刺史部之一。辖境约当今湖北、湖南两省
  及河南、贵州、广东、广西的一部。东汉治汉寿（今湖南常德市东
  北），三国时魏、吴各有荆州，西晋又合二为一。后辖境渐小，治所
  屡迁。东晋时定治江陵（今荆州市荆州区）。唐肃宗上元元年（760）
  升为江陵府。

⑨ 渝：渝州。隋开皇元年（581）改楚州置。治巴县（今重庆）。唐辖境
  相当今重庆市江津区、璧山区等地。北宋崇宁元年（1102）改名恭州。

⑩ 比屋之饮：家家户户都饮茶。比屋，家家户户。言其多而广。

059

饮有粗茶、散茶、末茶、饼茶者，乃斫①、乃熬、乃炀②、乃舂③，贮于瓶缶之中，以汤沃焉，谓之痷茶④。或用葱、姜、枣、橘皮、茱萸、薄荷⑤之等，煮之百沸，或扬令滑，或煮去沫，斯沟渠间弃水耳，而习俗不已。

於戏⑥！天育万物，皆有至妙。人之所工，但猎浅易。所庇者屋，屋精极；所著者衣，衣精极；所饱者饮食，食与酒皆精极之。茶有九难：一曰造，二曰别，三曰器，四曰火，五曰水，六曰炙，七曰末，八曰煮，九曰饮。阴采夜焙，非造也；嚼味嗅香，非别也；膻鼎腥瓯⑦，非器也；膏薪⑧庖炭⑨，非火也；飞

---

① 斫（zhuó）：砍、斩。此处意为伐枝取叶。
② 炀（yàng）：烘干。此处意为焙烤茶叶。
③ 舂（chōng）：用杵臼捣去谷物的皮壳。此处意为捶捣茶叶，碾磨成粉。
④ 痷（ān）茶：古代饮茶术语。将茶末放在瓶缶中用开水冲泡后饮用。
⑤ 薄荷：唇形科。多年生宿根草本。地上茎四棱形。叶对生，披针形，边缘有粗锯齿。茎叶入药，性凉、味辛。
⑥ 於戏：同"呜呼""於乎"。
⑦ 膻鼎腥瓯：沾染了腥膻气味的锅碗。
⑧ 膏薪：油脂丰富的木柴。
⑨ 庖炭：厨房里沾染了油腥气味的炭。

湍壅潦^①，非水也；外熟内生，非炙也；碧粉缥尘^②，非末也；操艰搅遽^③，非煮也；夏兴冬废，非饮也。

夫珍鲜馥烈者，其碗数三。次之者，碗数五。若座客数至五，行三碗；至七，行五碗；若六人已下，不约碗数，但阙^④一人而已，其隽永补所阙人。

---

① 壅潦：地面堆积的雨水。
② 碧粉缥（piǎo）尘：较差的茶末的颜色呈青绿与青白色。缥，淡青色。
③ 操艰搅遽（jù）：指操作技术不熟练，搅动过急。遽，惶恐；窘急。
④ 阙（quē）：同"缺"。空缺。

七

之

事

三皇①：炎帝②神农氏。

周：鲁周公旦，齐相晏婴。

汉：仙人丹丘子，黄山君③，司马文园令相如，扬执戟雄。

吴：归命侯④，韦太傅弘嗣⑤。

---

① 三皇：传说中的远古帝王。最早见于《吕氏春秋·贵公》等篇。有七种说法：（1）天皇、地皇、泰皇（《史记·秦始皇本纪》）；（2）天皇、地皇、人皇（《史记·补三皇本纪》引《河图》《三五历记》）；（3）伏羲、女娲、神农（《风俗通·皇霸》引《春秋纬运斗枢》）；（4）伏羲、神农、祝融（《白虎通·号》）；（5）伏羲、神农、黄帝（《帝王世纪》）；（6）伏羲、神农、共工（《通鉴外纪》）；（7）燧人、伏羲、神农（《风俗通·皇霸》引《礼纬含文嘉》）。

② 炎帝：传说中上古姜姓部族首领。号烈山氏，亦作厉山氏。相传与黄帝同为少典之子。原居姜水流域，后向东发展到中原地区。曾与黄帝战于阪泉（今河北涿鹿东南），被打败。一说炎帝即神农氏。

③ 黄山君：汉代因喝茶而成仙的仙人。

④ 归命侯：孙皓（242—284），即"吴末帝"。三国吴国皇帝。公元264—280年在位。一名彭祖，字元宗，又字皓宗。孙权之孙。

⑤ 韦太傅弘嗣：三国时吴韦曜。

晋：惠帝^①，刘司空琨，琨兄子兖州刺史演^②，张黄门孟阳，傅司隶咸^③，江洗马统^④，孙参军楚^⑤，左记室太冲，陆吴兴纳，纳兄子会稽内史俶^⑥，谢冠军安

---

① 惠帝：指晋惠帝（259—307），即"司马衷"。西晋皇帝。公元290—307年在位。武帝次子。字正度。

② 琨兄子兖州刺史演：刘演（？—320），字始仁，刘琨侄。西晋中山魏昌（今河北定州）人。初辟太尉掾，除尚书郎，袭父爵定襄侯。东海王越引为主簿。迁太子中庶子，出为阳平太守。奔刘琨，为魏郡太守。琨将讨石勒，任为行北中郎将、兖州刺史，镇廪丘（今山东郓城）。建兴四年（316），石勒使石虎攻拔廪丘，遂奔段文鸯军，屯于厌次（今山东阳信）。后为石勒所破，被杀。

③ 傅司隶咸：傅咸（239—294），西晋北地泥阳（今陕西铜川市耀州区）人，字长虞。傅玄之子。武帝时，任尚书右丞。多次上疏，主张裁并官府，唯农是务，谓"奢侈之费，甚于天灾"。惠帝时，任御史中丞。后为司隶校尉，打击豪右，京城肃然。能诗文，有辑本《傅中丞集》。

④ 江洗马统：江统（？—310），西晋陈留圉（今河南杞县西南）人，字应元。初为县令，迁太子洗马。元康九年（299），撰《徙戎论》，建议将氐、羌等族迁离关中，以并州匈奴部落为隐忧。八王之乱时，先参齐王司马冏军事，继为成都王司马颖记室，后迁黄门侍郎、散骑常侍，领国子博士。永嘉之乱时，流亡病死。

⑤ 孙参军楚：孙楚（约218—293），西晋文学家。字子荆，太原中都（今山西平遥西南）人。官至冯翊太守。能诗赋。原有集，已散佚，明人辑有《孙冯翊集》，收入《汉魏六朝百三名家集》。

⑥ 纳兄子会稽内史俶：陆俶，陆纳兄长的儿子，曾任会稽内史。

石，郭弘农璞，桓扬州温①，杜舍人毓，武康②小山寺释法瑶，沛国夏侯恺，余姚虞洪，北地③傅巽，丹阳弘君举，乐安任育长④，宣城秦精，敦煌⑤单道开，剡县陈务妻，广陵⑥老姥，河内⑦山谦之。

---

① 桓扬州温：桓温（312—373），东晋谯国龙亢（今安徽怀远西北）人，字元子。明帝之婿。官至大司马，曾任荆州刺史、扬州牧等职。

② 武康：在浙江省西北部。晋由永康县改称。1958年撤销，并入德清县。

③ 北地：战国秦昭王三十六年（前271）置。治义渠（今甘肃庆阳西南），西汉移治马岭（今甘肃庆城西北），东汉移治富平（今宁夏吴忠西南）。辖今宁夏贺兰山、青铜峡、苦水河以东及甘肃环江、马莲河流域。

④ 任育长：晋人任瞻，名士，字育长。

⑤ 敦煌：西汉武帝分酒泉郡置。治敦煌县（今甘肃敦煌西）。辖境相当今甘肃疏勒河以西及以南地区。隋开皇初废。大业初曾改瓜州，唐天宝、至德时又曾改沙州为敦煌郡。

⑥ 广陵：秦置。治今江苏扬州市西北蜀冈上。隋开皇中改为邗江，大业初改为江阳，五代南唐复称广陵。与江都县同为扬州治所。

⑦ 河内：隋开皇十六年（596）改野王县置。治今河南沁阳市。历为河内郡、怀州、怀庆路、怀庆府治所。

后魏①：琅琊王肃②。

宋③：新安王子鸾，鸾兄豫章王子尚④，鲍照⑤妹令

① 后魏：北朝时期的魏国。公元4世纪初，鲜卑族拓跋部在今山西北部、内蒙古等地建立代国，后为前秦苻坚所灭。淝水之战后，拓跋珪于386年重建代国，称王，旋改国号为"魏"，史称"北魏"。为别于三国时期的魏国，史称"后魏"。

② 王肃（464—501）：南北朝时临沂（今山东临沂西北）人，字恭懿。王导后裔。幼习经史。初仕南齐，后自建康投附北魏。魏孝文帝引见问政，礼遇甚隆。

③ 宋：南朝政权之一。公元420年刘裕代晋称帝，国号"宋"，建都建康（今江苏南京），亦称"刘宋"。

④ 新安王子鸾，鸾兄豫章王子尚：皆为南朝宋武帝刘裕之子。子鸾为宋武帝第八子，封新安王；子尚为第二子，封豫章王。《茶经》底本此处称子尚为"鸾弟"，据《宋书》记载，当是子尚为兄。《茶经》记述恐有误，据《宋书》改。

⑤ 鲍照（约414—466）：南朝宋文学家。字明远，东海（郡治今山东郯城北）人。出身寒微。曾任秣陵令、中书舍人等职。后为临海王刘子顼前军参军，故称"鲍参军"。子顼起兵失败，照为乱兵所杀。长于乐府，尤擅七言之作，风格俊逸。

玛瑙茶盏

晖①，八公山②沙门③昙济。

齐④：世祖武帝⑤。

---

① 令晖：鲍令晖，南朝宋女文学家。东海（郡治今山东郯城北）人。鲍
照之妹。能诗。钟嵘《诗品》评其诗"崭绝清巧，拟古尤胜"。留存
作品不多，《玉台新咏》录其诗七首。清代钱振伦撰《鲍参军集注》，
附注其诗。

② 八公山：在安徽省寿县东北淮河之南、东淝河北。相传汉时淮南王刘
安与八位友人炼丹于此，故名。

③ 沙门：梵语Sramaṇa音译"沙门那"的略称，亦译"桑门"，意译"息
心"或"勤息""修道"等。表示勤修善法、息灭恶法之意。原为古
印度各教派出家修道者的通称，佛教盛行后专指依照戒律出家修道的
僧侣。

④ 齐：南朝齐（479—502），萧道成在479年取代刘宋所建立，国号齐，
定都建康（今江苏南京），史称"南齐"，又称"萧齐"。502年被萧
衍建立的梁取代。

⑤ 世祖武帝：齐武帝萧赜（zé）（440—493）。字宣远，小名龙儿。南朝
齐第二位皇帝，483—493年在位。卒谥武帝，庙号世祖。

梁①：刘廷尉②，陶先生弘景③。

皇朝④：徐英公勣⑤。

《神农食经》："茶茗久服，令人有力，悦志⑥。"

周公《尔雅》："槚，苦荼。"

---

① 梁：南朝政权之一。公元502年萧衍代齐称帝，国号"梁"，建都建康（今江苏南京），亦称"南梁""萧梁"。

② 刘廷尉：刘孝绰（481—539），南朝梁文学家。原名冉，以字行，小字阿士，彭城（今江苏徐州）人。曾任秘书丞等职。能诗文，颇为萧统（昭明太子）所重，曾为《昭明太子集》作序。

③ 陶先生弘景：陶弘景（456—536），南朝齐梁时道教思想家、医学家。字通明，自号华阳隐居，丹阳秣陵（今南京）人。仕齐拜左卫殿中将军。从陆修静弟子孙游岳（399—489）学道，后隐居茅山，搜集整理道经，创立茅山派。入梁，武帝礼聘不出，但朝廷大事辄就咨询，时称"山中宰相"。卒谥"贞白先生"。

④ 皇朝：指唐朝。

⑤ 徐英公勣：李勣（594—669），唐初大将。本姓徐，名世勣，字懋功，曹州离狐（今山东菏泽西北）人。家富有。初从翟让起义，参加瓦岗军。以计取黎阳仓，听民取食。武德元年（618）归唐，任右武候大将军，封曹国公。赐姓李，因避李世民（太宗）讳，单名勣。贞观三年（629）与李靖出击东突厥。后封英国公。

⑥ 悦志：心情愉悦。

《广雅》^①云："荆巴间采叶作饼，叶老者，饼成，以米膏^②出之。欲煮茗饮，先炙令赤色，捣末置瓷器中，以汤浇覆之，用葱、姜、橘子芼^③之。其饮醒酒，令人不眠。"

《晏子春秋》^④："婴相齐景公^⑤时，食脱粟^⑥之饭，炙三弋五卵^⑦，茗菜而已。"

---

① 《广雅》：训诂书。隋代避炀帝杨广讳，改名《博雅》，后复用原名。三国魏张揖撰。揖，字稚让，清河（治今山东临清东北）人，太和中为博士。卷首有揖《上广雅表》，自言此书分上中下三卷。唐以来析为十卷。

② 米膏：米糊。

③ 芼（mào）：择取，此处意为搅拌。

④ 《晏子春秋》：旧题春秋齐晏婴撰。实系后人依托并采缀晏子言行而作。分内外篇，共八卷二百十五章。

⑤ 齐景公（？—前490）：春秋时齐国君。庄公异母弟。公元前547—前490年在位。名杵臼。

⑥ 脱粟：糙米；只去皮壳、不加精制的米。

⑦ 三弋五卵：弋，禽类。卵，禽蛋。指烧烤的禽鸟和蛋。三、五为虚数词，几样。

司马相如《凡将篇》^①："乌喙^②、桔梗^③、芫华^④、款冬^⑤、贝母^⑥、木蘖^⑦、蒌^⑧、芩草、芍药^⑨、

---

① 《凡将篇》：字书。汉司马相如作，以三字或七字为一句。《隋书·经籍志》作一卷。已佚。

② 乌喙（huì）：中药附子的别称，以其块茎形似乌之嘴而得名。喙，鸟兽的嘴。

③ 桔梗：多年生草本。根肉质，圆锥形。叶卵形至卵状披针形。秋季开花，花蓝紫色，钟状。根入药，性平、味苦辛，功能宣肺、祛痰、排脓。

④ 芫（yuán）华：落叶灌木。叶对生，偶为互生，卵形或卵状披针形，纸质。春季花先叶开放，无花冠，萼筒呈花冠状，淡紫色。花蕾入药，性温、味辛，有毒，功能泻水逐饮。

⑤ 款冬：菊科。多年生草本。叶丛生，宽卵形至心脏形，有波状疏锯齿，下面密被白色绵毛。冬季花茎先叶出现，顶生头状花序，周围舌状花黄色，中央管状花。花蕾入药，称"款冬花"。

⑥ 贝母：百合科。多年生草本，春生夏萎。鳞茎扁球形。药用部分为鳞茎。性微寒、味苦甘，功能清热润肺、化痰止咳。

⑦ 木蘖（bò）：亦称"黄柏""檗木"。芸香科。落叶乔木。树皮厚，软木质；亦入药，常用名"关黄柏"，性寒、味苦，功能清热燥湿、泻火解毒。

⑧ 蒌（lóu）：蒌菜。蔓生有节，味辛而香。

⑨ 芍药：多年生草本。块根圆柱形或纺锤形。久经栽培，为著名观赏植物。根药用，性微寒、味苦，功能凉血、散瘀。

桂、漏芦①、蜚廉②、藋菌③、荈诧、白敛④、白芷⑤、菖蒲⑥、芒消⑦、莞椒、茱萸。"

《方言》⑧："蜀西南人谓荼曰蔎。"

《吴志⑨·韦曜传》："孙皓每飨宴⑩，坐席无不率

① 漏芦：多年生草本。根入药，性寒、味苦，功能清热解毒、排脓消肿、通乳。
② 蜚廉：亦称"飞廉"，二年生草本。茎直立，具边缘有刺的绿色翅。
③ 藋（guàn）菌：一种菌类植物，可入药。
④ 白敛：白蔹。木质藤本。根块入药，性微寒、味苦辛，功能清热解毒、消痈散结。
⑤ 白芷：伞形科，当归属。根入药，性温、味辛，功能祛风、散寒、燥湿。
⑥ 菖蒲：菖蒲科（天南星科）。多年生水生草本，根状茎粗壮，有香气。全草可提取芳香油。根状茎也作药用，为芳香开窍、除湿健胃、化痰止咳药。
⑦ 芒消：亦作"芒硝"。即硫酸钠。产于盐湖中。用于制造玻璃及纯碱等。
⑧ 《方言》：方言和训诂书。全称《辀轩使者绝代语释别国方言》。西汉扬雄撰。今本十三卷。据扬雄与刘歆来往书信，原为十五卷。雄撰此书历经二十七年，似尚未完成。体例仿《尔雅》，类集古今各地同义词语，大部分注明通行范围。
⑨ 《吴志》：此指西晋陈寿所撰《三国志》中的《吴书》部分，共二十卷。
⑩ 飨（xiǎng）宴：宴饮。

以七胜^①为限，虽不尽入口，皆浇灌取尽。曜饮酒不过二升，皓初礼异，密赐荼荈以代酒。"

《晋中兴书》^②："陆纳为吴兴太守时，卫将军谢安尝欲诣纳。*《晋书》云：纳为吏部尚书。*纳兄子俶，怪纳无所备，不敢问之，乃私蓄十数人馔^③。安既至，所设唯茶果而已。俶遂陈盛馔^④，珍羞^⑤必具。及安去，纳杖俶四十，云：'汝既不能光益^⑥叔父，奈何秽吾素业？'"

《晋书》^⑦："桓温为扬州牧，性俭，每宴饮，唯下七奠^⑧拌茶果而已。"

---

① 胜：通"升"。
② 《晋中兴书》：南朝宋郗绍撰。纪传体，记东晋一代史事。久佚。
③ 馔（zhuàn）：安排食物。
④ 盛馔：丰盛的饭食。
⑤ 珍羞：亦作"珍馐"。贵重珍奇的食品。
⑥ 光益：增光。
⑦ 《晋书》：唐房玄龄等撰。一百三十卷。纪传体东、西晋史。修于贞观十八年（644）至二十年间。修撰者凡二十一人，唐太宗写了宣帝、武帝两纪和陆机、王羲之两传后论，故题"御撰"。
⑧ 奠：同"饤（dìng）"。指盛食物盘碗的量词。

《搜神记》^①："夏侯恺因疾死。宗人^②字苟奴，察见鬼神，见恺来收马，并病其妻。著平上帻^③、单衣，入坐生时西壁大床，就人觅茶饮。"

刘琨《与兄子南兖州^④刺史演书》云："前得安州^⑤干姜一斤，桂一斤，黄芩^⑥一斤，皆所须也。吾体中愦闷^⑦，常仰真茶，汝可置之。"

傅咸《司隶教》曰："闻南方有以困蜀妪^⑧作茶粥卖，为廉事打破其器具，又卖饼于市，而禁茶粥以困

---

① 《搜神记》：志怪小说集。东晋干宝撰。原本三十卷，已散佚。今本二十卷，系从《法苑珠林》《太平御览》等书辑录而成。所记多为神怪灵异故事，其中保存了一些民间传说。

② 宗人：同族的人。

③ 帻（zé）：包头发的巾。

④ 南兖（yǎn）州：东晋元帝侨立兖州于京口（今江苏镇江）。南朝宋永初元年（420）改名南兖州。元嘉八年（431）移治广陵县（今江苏扬州）。

⑤ 安州：晋时州名，治所在今湖北安陆一带。

⑥ 黄芩：多年生草本。根肥大，圆柱形。茎方形，基部分枝。叶对生，披针形。根可制染料；亦入药，性寒、味苦，主治温病发热、痈肿疮毒、咯血等症。

⑦ 愦闷：烦闷。

⑧ 妪（yù）：妇人。多指老妇。

蜀妪，何哉？"

《神异记》："余姚人虞洪，入山采茗，遇一道士，牵三青牛，引洪至瀑布山，曰：'予，丹丘子也。闻子善具饮，常思见惠①。山中有大茗，可以相给，祈子他日有瓯牺之余，乞相遗也。'因立奠祀。后常令家人入山，获大茗焉。"

左思《娇女诗》："吾家有娇女，皎皎颇白皙。小字②为纨素，口齿自清历③。有姊字蕙芳，眉目粲如画。驰骛④翔园林，果下皆生摘。贪华风雨中，倏忽⑤数百适。心为茶荈剧，吹嘘对鼎钅历⑥。"

————————

① 惠：恩惠。
② 小字：小名。
③ 清历：分明，清楚。
④ 驰骛（wù）：奔走趋赴。
⑤ 倏忽：忽忽；转眼之间。
⑥ 钅历（lì）：本作"鬲"，或作"镉"。古代炊具。

张孟阳《登成都楼诗》云："借问扬子舍①，想见长卿庐②。程卓累千金，骄侈拟五侯③。门有连骑客，翠带腰吴钩④。鼎食随时进，百和⑤妙且殊。披林采秋橘，临江钓春鱼。黑子过龙醢⑥，果馔逾蟹蝑⑦。芳茶冠六清，溢味播九区⑧。人生苟安乐，兹土⑨聊可娱。"

---

① 扬子舍：指扬雄在成都的住宅草玄堂。
② 长卿庐：指司马相如娶卓文君后回到成都居住的地方。
③ 五侯：公、侯、伯、子、男五等诸侯，亦指同时封侯的五人。后泛指权贵豪门。
④ 吴钩：古代吴地所造的一种弯刀。
⑤ 百和：形容烹调的佳肴多种多样。和，烹调。
⑥ 龙醢（hǎi）：用龙肉做成的肉酱。此指极美的食品。醢，用肉、鱼等制成的酱。
⑦ 蝑（xiè）：腌蟹。
⑧ 九区：九州，泛指全中国。
⑨ 兹土：此土，这土。

傅巽《七诲》：“蒲桃宛柰①，齐柿燕栗，峘阳②黄梨，巫山朱橘，南中③茶子，西极④石蜜⑤。”

弘君举《食檄》：“寒温⑥既毕，应下霜华之茗。三爵⑦而终，应下诸蔗⑧、木瓜、元李、杨梅、五味⑨、橄榄、悬豹⑩、葵羹⑪各一杯。”

---

① 蒲桃宛柰（nài）：蒲地所产的桃和宛地所产的柰。蒲，今山西永济。宛，今河南南阳。柰，俗名花红，亦名沙果。

② 峘阳：峘，同"恒"。恒阳，一为恒山之南，二为今河北曲阳。

③ 南中：相当今四川大渡河以南和云南、贵州二省。三国蜀汉以巴蜀为根据地，其地在巴蜀之南，故名。

④ 西极：此指长安以西的疆域。

⑤ 石蜜：一指用甘蔗炼成的糖。二指野蜂在岩石间所酿的蜜。

⑥ 寒温：常用作问候起居之辞。犹寒暄。

⑦ 爵：中国古代酒器。青铜制，有流、柱、鋬和三足，用以温酒和盛酒，盛行于殷代和西周初期。

⑧ 诸蔗：甘蔗。

⑨ 五味：五味子。五味子属植物的泛称。落叶木质藤本。单叶，互生。花单性，腋生，有细长花梗。产于北部的有"北五味子"，花乳白或淡红色；果深红色。产于中部的有"华中五味子"，花橙黄色；果红色。

⑩ 悬豹：不详。吴觉农《茶经述评》以为似为"悬钩"，形近之误。悬钩，山莓的别名。

⑪ 葵羹：冬葵做的羹汤。冬葵，一年生或二年生草本。叶圆扇形，稍皱缩。

誰訴衷山楹
含裹竹壇淪
若絲松持解
元文筆間相
仿消潤何芳
玉常絲
甲戌閏胃雨
餘集瞬偶厯
興巻回摹女志
即用巻中石韻
題之并書於此
御筆 〔印〕〔印〕

孙楚《歌》："茱萸出芳树①颠，鲤鱼出洛水②泉。白盐出河东，美豉③出鲁渊。姜、桂、茶荈出巴蜀，椒、橘、木兰出高山。蓼④苏⑤出沟渠，精稗⑥出中田。"

华佗⑦《食论》："苦茶久食，益意思。"

壶居士⑧《食忌》："苦茶久食，羽化⑨。与韭同食，令人体重。"

---

① 芳树：泛指佳木、花木。

② 洛水：指今河南洛河。

③ 美豉（chǐ）：上等的豆豉。

④ 蓼（liǎo）：草本。节常膨大。托叶鞘状，抱茎，先端截形或斜形，全缘，稀分裂，通常有缘毛。花淡红色或白色，穗状花序或头状花序。

⑤ 苏：紫苏，一年生草本。茎方形，绿色或紫色，上部被有长柔毛。夏季开花，红、淡红或白色。种子可榨油，嫩叶作蔬菜。

⑥ 精稗（bài）：精米。

⑦ 华佗（？—208）：东汉末医学家。又名旉，字元化，沛国谯（今安徽亳州）人。精内、外、妇、儿、针灸各科，尤擅长外科。

⑧ 壶居士：壶公，传说中的仙人。

⑨ 羽化：中国古代称成仙为羽化，取"变化飞升"之意。《晋书·许迈传》："玄（许玄）自后莫测所终，好道者皆谓之羽化矣。"后世称道教徒逝世为羽化。

郭璞《尔雅注》云："树小似栀子，冬生叶可煮羹饮。今呼早取为茶，晚取为茗，或一曰荈，蜀人名之苦茶。"

《世说》[1]："任瞻，字育长。少时有令名[2]，自过江[3]失志[4]。既下饮，问人云：'此为茶？为茗？'觉人有怪色，乃自分明云：'向问饮为热为冷。'"

《续搜神记》[5]："晋武帝[6]世，宣城人秦精，常入武昌山采茗。遇一毛人，长丈余，引精至山下，示以丛茗而去。俄而复还，乃探怀中橘以遗精。精怖，负茗而归。"

① 《世说》：《世说新语》，原称《世说》，亦称《世说新书》。古小说集。南朝宋刘义庆撰。原为八卷，今本作三卷。分德行、言语、政事、文学等三十六门。主要记载汉末至东晋士大夫的言谈、逸事。
② 令名：好的名声。
③ 过江：东晋时代，中原沦陷，东晋王朝迁移江南，中原很多名士也纷纷来到江南，称为"过江"。
④ 失志：恍恍惚惚，失去神智。
⑤ 《续搜神记》：古志怪小说集，又称《搜神后记》《搜神续记》《搜神录》，十卷，旧题东晋陶潜撰。然书中多陶潜死后事，疑为伪托。
⑥ 晋武帝（236—290）：司马炎。晋王朝的建立者。公元266—290年在位。字安世，河内温县（今河南温县西南）人。司马昭长子。

《晋四王起事》：“惠帝蒙尘①还洛阳，黄门②以瓦盂盛茶上至尊。”

《异苑》③：“剡县陈务妻，少与二子寡居，好饮茶茗。以宅中有古冢④，每饮，辄先祀之。儿子患之，曰：‘古冢何知？徒以劳意！’欲掘去之，母苦禁而止。其夜，梦一人云：‘吾止此冢三百余年，卿二子恒欲见毁，赖相保护，又享吾佳茗，虽潜壤⑤朽骨，岂忘翳桑之报⑥！’及晓，于庭中获钱十万，似久埋者，但贯新耳。母告，二子惭之。从是祷馈愈甚。”

---

① 蒙尘：蒙受风尘。旧谓帝王或大臣逃亡在外。
② 黄门：指宦官。汉代给事内廷有黄门令、中黄门诸官，皆以宦者充任，故有是称。
③ 《异苑》：志怪小说集。南朝宋刘敬叔作。敬叔，彭城（今江苏徐州）人，泰始中卒。十卷。记述自先秦迄南朝宋的怪异之事，尤以晋代为多。
④ 冢（zhǒng）：隆起的坟墓。
⑤ 潜壤：地下，深土。
⑥ 翳（yì）桑之报：翳桑，古地名。春秋时晋赵盾曾在翳桑救了将要饿死的灵辄，后来晋灵公欲杀赵盾，灵辄扑杀恶犬，救出赵盾。后世称此事为“翳桑之报”。

《广陵耆老传》："晋元帝①时，有老姥，每旦独提一器茗，往市鬻②之。市人竞买，自旦至夕，其器不减。所得钱散路傍孤贫乞人，人或异之。州法曹③絷④之狱中。至夜，老姥执所鬻茗器，从狱牖⑤中飞出。"

　　《艺术传》："敦煌人单道开，不畏寒暑，常服小石子。所服药有松、桂、蜜之气，所饮茶苏⑥而已。"

　　释道说《续名僧传》："宋释法瑶，姓杨氏，河东人。元嘉⑦中过江，遇沈台真，请真君武康小山寺。年

---

① 晋元帝（276—323）：司马睿。东晋皇帝。公元317—323年在位。字景文。
② 鬻（yù）：卖。
③ 法曹：唐宋地方司法机关。在府称法曹参军事，在州称法曹司法参军事，在县称司法。亦称司法官为法曹。
④ 絷（zhí）：拘囚。
⑤ 牖（yǒu）：窗。
⑥ 茶苏：用茶和紫苏做成的饮料。
⑦ 元嘉：南朝宋文帝年号（424—453）。

垂悬车①，饭所饮茶。大明②中，敕吴兴礼致上京③，年七十九。"

宋《江氏家传》："江统，字应元，迁愍怀太子④洗马，尝上疏，谏云：'今西园卖醯⑤、面、蓝子、菜、茶之属，亏败国体。'"

《宋录》："新安王子鸾、豫章王子尚，诣昙济道人于八公山。道人设茶茗，子尚味之，曰：'此甘露也，何言茶茗？'"

王微⑥《杂诗》："寂寂掩高阁，寥寥空广厦。待君竟不归，收领今就槚。"

---

① 悬车：谓辞官家居。因致仕后废车不用，故云。
② 大明：南朝宋孝武帝年号（457—464）。
③ 上京：古代对京都的通称。
④ 愍（mǐn）怀太子：司马遹（yù）（278—300），字熙祖，小字沙门。惠帝子，生前被立为太子，为贾后所杀。谥号"愍怀"。
⑤ 醯（xī）：醋。
⑥ 王微（415—453）：南朝宋画家。字景玄，一作景贤，琅邪临沂（今属山东）人。与史道硕并师荀勖、卫协。善属文，能书画，解音律，通医术。吏部尚书江湛举为吏部郎，不受聘。

鲍照妹令晖著《香茗赋》。

南齐世祖武皇帝遗诏①："我灵座②上慎勿以牲为祭，但设饼果、茶饮、干饭、酒脯③而已。"

梁刘孝绰《谢晋安王④饷⑤米等启》："传诏李孟孙宣教旨⑥，垂赐米、酒、瓜、笋、菹⑦、脯、酢⑧、茗八种。气苾⑨新城，味芳云松。江潭抽节，迈昌荇之珍。疆埸擢翘，越葺精之美⑩。羞非纯束野麏，裛似雪

---

① 遗诏：皇帝临终时所发的诏书。
② 灵座：为死者所设之座，供祭奠用。
③ 酒脯：酒和干肉。后亦泛指酒肴。
④ 晋安王：梁简文帝萧纲（503—551）。南朝梁皇帝。公元549—551年在位。武帝第三子。字世缵，小字六通。
⑤ 饷：赠送，赐给。
⑥ 教旨：上对下的告谕。
⑦ 菹（zū）：酢菜；腌菜。
⑧ 酢（cù）："醋"的本字。
⑨ 苾（bì）：芳香。
⑩ 疆埸（yì）擢翘，越葺（qì）精之美：从田园里采摘最好的农作物，加倍美味。疆埸，田界。擢，选拔。翘，特出。葺精，加倍好。

之驴①；鲊②异陶瓶河鲤，操③如琼之粲④。茗同食粲，酢类望柑。免千里宿舂，省三月种聚。小人怀惠，大懿⑤难忘。"

陶弘景《杂录》："苦荼轻身换骨，昔丹丘子、黄山君服之。"

《后魏录》："琅琊王肃，仕南朝⑥，好茗饮、莼羹。及还北地，又好羊肉、酪浆⑦。人或问之：'茗何如酪？'肃曰：'茗不堪与酪为奴。'"

---

① 羞非纯（tún）束野麇（jūn），裛（yì）似雪之驴：送来的肉脯，虽然不是白茅包扎的獐鹿肉，却是包裹精美的雪白干肉脯。羞，珍馐。纯束，包裹。麇，同"麕"，獐子。裛，缠裹。
② 鲊（zhǎ）：经过加工的鱼类食品，如腌鱼、糟鱼之类。
③ 操：持；拿着。
④ 粲：上等白米。
⑤ 懿：美；美德。
⑥ 南朝：420年东晋灭亡，刘宋取代东晋，在中国南方地区相继出现了宋、齐、梁、陈四个政权，史称"南朝"。
⑦ 酪浆：牛、羊等动物的乳汁。

《桐君录》：“西阳、武昌、庐江、晋陵①好茗，皆东人②作清茗。茗有饽，饮之宜人。凡可饮之物，皆多取其叶，天门冬③、拔葜④取根，皆益人。又巴东⑤别有真茗茶，煎饮令人不眠。俗中多煮檀叶并大皂李⑥作茶，并冷。又南方有瓜芦木，亦似茗，至苦涩，取为屑茶饮，亦可通夜不眠。煮盐人但资此饮，而交、

---

① 西阳、武昌、庐江、晋陵：西阳，西晋永嘉后移置。治今湖北黄冈市东。东晋、南北朝曾为西阳郡及弋州治所。隋开皇初废。武昌，在湖北省东南部。治今湖北鄂州市。庐江，秦置。辖今安徽长江以南，泾县、宣城市以西，江西信江流域及其以北地区。汉武帝后徙治舒（今安徽庐江西南）。晋陵，西晋永嘉五年（311），因避东海王越世子毗讳，以毗陵县（即"毗陵县"）改名。治今江苏常州市。

② 东人：东家，主人。

③ 天门冬：亦称"天冬草"。百合科。多年生攀缘草本，有簇生纺锤形肉质块根。根块入药，简称"天冬"，性寒、味甘苦，养肺、滋肾。

④ 拔葜（qiā）：菝葜，俗称"金刚刺""金刚藤"。百合科。落叶攀缘状灌木。根茎入药，性平、味甘酸，祛风利湿、消肿止痛。

⑤ 巴东：东汉建安六年（201）改固陵郡置。治鱼复（今重庆奉节东。三国蜀汉改永安，晋复名鱼复）。辖今重庆市开州区、万州区以东，巫山西部以西长江南北和大宁河中上游一带。

⑥ 大皂李：鼠李，乔木或灌木，直立或攀缘状，偶为草本，常具刺。种子油作润滑油，果肉入药，解热、泻下、治瘰疬等。树皮和叶可提栲胶，树皮和果亦可作黄色染料，木材可制器具并可雕刻。

广最重，客来先设，乃加以香芼辈①。"

《坤元录》："辰州②溆浦县西北三百五十里无射山，云蛮俗③当吉庆之时，亲族集会歌舞于山上。山多茶树。"

《括地图》："临遂县东一百四十里有茶溪。"

山谦之《吴兴记》："乌程县④西二十里，有温山，出御荈⑤。"

---

① 香芼辈：各种香草佐料。
② 辰州：隋开皇九年（589）改武州置州，因"辰溪"得名。治龙标（今湖南洪江），后移沅陵（今县）。辖今湖南沅陵以南的沅江流域以西地。唐以后缩小。
③ 蛮俗：蛮地风俗。
④ 乌程县：旧县名。秦置。相传有善酿酒的乌、程二姓居此，故名。治今浙江湖州市南。东晋义熙初移治今湖州市。宋初分置归安县，同治一城。1912年并为吴兴县。三国后历为吴兴郡、湖州、湖州路、湖州府治所。
⑤ 御荈：温山御荈。晋及南北朝时湖州名茶。

《夷陵图经》："黄牛、荆门、女观、望州等山，茶茗出焉。"

《永嘉图经》："永嘉县东三百里有白茶山。"

《淮阴图经》："山阳县①南二十里有茶坡。"

《茶陵②图经》云："茶陵者，所谓陵谷生茶茗焉。"

《本草·木部》："茗，苦茶。味甘苦，微寒，无毒。主瘘③疮④，利小便，去痰渴热，令人少睡。秋采之苦，主下气消食。注云：'春采之。'"

---

① 山阳县：东晋义熙中分广陵郡置。治山阳（今江苏淮安市淮安区）。辖境相当今江苏淮安、盐城、宝应、建湖等市县地。隋开皇初废。
② 茶陵：在湖南省东部、湘江支流洣水流域，邻接江西省。属株洲市。西汉置县，隋废，唐复置。
③ 瘘（lòu）：颈部生疮，久而不愈，常出脓水之疾。一名"鼠瘘"。
④ 疮：皮肤病名。即疮疡。 本作"创"。伤口。

《本草·菜部》："苦菜，一名茶，一名选，一名游冬①，生益州②川谷山陵道旁，凌冬③不死。三月三日采，干。"注云：疑此即是今茶，一名茶，令人不眠。《本草注》：按，《诗》云"谁谓茶苦"，又云"堇④茶如饴⑤"，皆苦菜也。陶谓之苦茶，木类，非菜流。茗，春采谓之苦槎途遐反。

---

① 游冬：一种苦菜。味苦，入药，生于秋末经冬春而成，故名。
② 益州：汉武帝所置十三刺史部之一。辖境约当今四川折多山和云南怒山、哀牢山以东，甘肃陇南市、两当和陕西秦岭以南，湖北十堰市郧阳区、保康西北，贵州除东边以外地区。东汉初治雒县（今四川广汉北），中平中移治绵竹（今德阳市东北），兴平中又移成都。东汉以后辖境渐小。隋大业三年（607）改为蜀郡。
③ 凌冬：渡过冬天。
④ 堇（jǐn）：堇菜，野菜名，苦味。
⑤ 饴：用麦芽制成的糖浆；糖稀。

《枕中方》："疗积年瘘，苦茶、蜈蚣并炙，令香熟，等分，捣筛，煮甘草汤洗，以末傅①之。"

《孺子方》："疗小儿无故惊蹶，以苦茶、葱须煮服之。"

① 傅：通"敷"，涂抹。

八之出

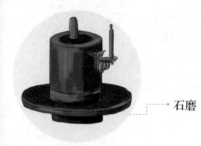

石磨

　　山南①：以峡州②上峡州生远安、宜都、夷陵三县③
山谷，襄州④、荆州次襄州，生南漳县⑤山谷；荆州，
生江陵县⑥山谷，衡州⑦下生衡山、茶陵二县山谷，金

---

① 山南：道名。唐贞观十道之一。辖境相当今嘉陵江流域以东，陕西秦
　　岭、甘肃嶓冢山以南，河南伏牛山西南，湖北涢水以西，自重庆市至
　　湖南岳阳之间的长江以北地区。开元时分为山南东、西道。
② 峡州：亦作"硖州"。北周武帝改拓州置。因在三峡之口得名。治夷
　　陵（今宜昌西北。唐移今市，南宋端平初移江南，元仍移江北）。辖
　　境相当今湖北宜昌、远安、宜都等市县地，唐以后略大。
③ 远安、宜都、夷陵三县：均在今湖北宜昌。远安，即今远安县。宜
　　都，即今宜都市。夷陵，即今夷陵区。
④ 襄州：西魏恭帝改雍州置。治襄阳（今襄阳市襄城区）。唐辖今湖北
　　襄阳、谷城、老河口等市县地。
⑤ 南漳县：在湖北省西北部、荆山东侧、汉江支流蛮河流域。属襄阳
　　市。西魏置重阳县，北周改思安县，隋改今名。以漳水得名。
⑥ 江陵县：在湖北省中南部、长江沿岸。属荆州市。秦置县。治今荆州
　　市江陵故城（历为郡、州、府治。南朝梁曾建都于此）。
⑦ 衡州：隋开皇中置州，治衡阳（今市）。以衡山得名。唐辖境相当今
　　湖南衡阳、安仁、攸县、茶陵、炎陵、衡东、衡山、常宁、耒阳等市
　　县地。

州①、梁州②又下金州，生西城、安康③二县山谷；梁州，生褒城、金牛④二县山谷。

淮南：以光州⑤上生光山县⑥黄头港者，与峡州同，义阳郡⑦、舒州⑧次生义阳县钟山者，与襄州同；

---

① 金州：西魏废帝三年（554）改东梁州置。治西城（后曾一度改名吉安、金川，今安康）。因其地出金得名。唐辖境相当今陕西石泉以东、旬阳以西的汉江流域。

② 梁州：三国魏景元四年（263）分益州置。治沔阳（今陕西勉县东），西晋太康中移治南郑（今汉中）。

③ 西城、安康：均在今陕西安康。西城，即今平利县。安康，即今汉阴县。

④ 褒城、金牛：均在今陕西汉中。褒城，即今勉县之褒城镇。金牛，即今宁强大安镇金牛驿村。

⑤ 光州：南朝梁置。治光城（今河南光山），唐太极元年（712）移治定城（今河南潢川）。辖境相当今河南淮河以南、竹竿河以东地区。

⑥ 光山县：在河南省东南部、淮河支流潢河中游。西汉置西阳县，南朝宋改光城县，隋改今名。以浮光山得名。

⑦ 义阳郡：三国魏文帝置郡。治安昌（今湖北枣阳市南），不久废。西晋复置国，治新野（今河南新野）。后屡有迁移，东晋末改为郡，移治平阳（今河南信阳西北）。隋大业及唐天宝、至德时又曾分别改为义州、申州为义阳郡。

⑧ 舒州：唐武德四年（621）改同安郡置，治怀宁（今安徽潜山）。辖境相当今安徽天柱山、三官山以南，长江以北地区。

舒州，生太湖县^①潜山者，与荆州同，寿州下盛唐县^②生霍山者，与衡山同也，蕲州^③、黄州^④又下蕲州，生黄梅县^⑤山谷；黄州，生麻城县^⑥山谷，并与金州、梁州同也。

---

① 太湖县：在安徽省西南部、皖河上游，邻接湖北省。属安庆市。南朝宋设太湖左县，梁改太湖县。以在龙山太湖之侧得名。

② 盛唐县：唐开元二十七年（739）改霍山县置。治今安徽六安市。

③ 蕲州：南朝陈改罗州置。治齐昌（隋改蕲春，今蕲春西南蕲州镇西北，南宋移今蕲州镇）。唐辖境相当今湖北长江以北，巴河以东地区。

④ 黄州：隋开皇五年（585）改衡州为黄州。治南安（后改黄冈，今湖北武汉市新洲区，唐中和时移今黄冈市）。唐辖境相当今湖北长江以北，京汉铁路以东，巴水以西地。

⑤ 黄梅县：在湖北省东部、长江北岸，邻接安徽、江西两省。属黄冈市。南齐置永兴县，隋开皇初改新蔡县，开皇十八年（598）改黄梅县。

⑥ 麻城县：在湖北省东北部、举水上游、大别山南侧，邻接河南、安徽两省。南朝梁置信安县，隋改麻城县。

浙西①：以湖州②上湖州，生长城县③顾渚山谷，与峡州、光州同；生山桑、儒师二坞④、白茅山悬脚岭，与襄州、荆南、义阳郡同；生凤亭山伏翼阁飞云、曲水二寺、啄木岭，与寿州、常州同。生安吉⑤、武康⑥二县山谷，与金州、梁州同，常州⑦次常州义兴县⑧生君山悬脚岭北峰下，与荆州、义阳郡同；生圈岭善权寺、石

---

① 浙西：唐代方镇名。浙江西道的简称。乾元元年（758）置，建中间建号镇海军。初治昇州（今江苏南京），后移治苏州（今市）；贞元后治润州（今江苏镇江），光化初又移治杭州（今浙江杭州）。初期辖境包括今江苏、浙江、安徽、江西四省各一部分；贞元后确定为润、苏、常、杭、湖、睦六州，相当今江苏长江以南、茅山以东及浙江新安江以北地区。

② 湖州：隋仁寿二年（602）置州，治乌程（今湖州市）。因地濒太湖得名。唐辖境相当今浙江湖州、德清、安吉、长兴等市县地。

③ 长城县：西晋太康三年（282）分乌程县置，属吴兴郡。治所在富陂村（今浙江长兴县东）。

④ 坞：村坞，山间的村庄。

⑤ 安吉：在浙江省西北部、西苕溪流域，邻接安徽省。东汉置县。

⑥ 武康：旧县名。在浙江省西北部。晋由永康县改称。1958年撤销，并入德清县。

⑦ 常州：隋开皇九年（589）置州，治今常熟市，以县为名。后迁治晋陵（今常州，唐分置武进县，同为州治）。

⑧ 义兴县：隋开皇九年（589）改阳羡县置，治今江苏宜兴。

亭山，与舒州同。宣州①、杭州②、睦州③、歙州④下宣州，生宣城县⑤雅山，与蕲州同；太平县⑥生上睦、临睦，与黄州同。杭州，临安⑦、於潜⑧二县生天目山⑨，与舒州同；钱塘⑩生天竺、灵隐二寺，睦州生桐庐县⑪山

---

① 宣州：隋开皇九年（589）改南豫州置。治宣城（今安徽宣城市）。唐时辖境相当今安徽长江以南，黄山、九华山以北地区及江苏南京市溧水区、溧阳市等地。

② 杭州：隋开皇九年（589）置州。治余杭（今杭州市余杭区），后移治钱唐（唐作钱塘，今杭州）。唐辖境相当今浙江桐溪、富春江以北、天目山脉东南地区及杭州湾北岸的海宁市地。

③ 睦州：隋仁寿三年（603）置。治新安（今淳安西威坪镇，大业初改为雉山，移治今淳安西南），武周万岁通天初移治建德（今市东北）。辖境相当今浙江建德、桐庐、淳安等市县地。

④ 歙（shè）州：隋开皇九年（589）置。治休宁（今县东万安镇）。后移治歙县（今属安徽）。唐辖境相当今安徽休宁、歙县、绩溪、黟县、祁门及江西婺源等县地。

⑤ 宣城县：西汉置宛陵县，隋改宣城县，为宣州治。

⑥ 太平县：在安徽省南部、黄山北麓。唐置县。

⑦ 临安：在浙江省杭州市西部，邻接安徽省。东汉置临水县。西晋改临安县，以临安山得名。

⑧ 於潜：在浙江省西北部。西汉置县。

⑨ 天目山：在浙江省西北部。东北—西南走向，西接皖南山地。

⑩ 钱塘：秦置钱唐县。治今浙江杭州市西灵隐山麓，隋开皇十一年（591）迁治今杭州市区。唐代以"唐"为国号，始在"唐"字旁加"土"为"塘"。

⑪ 桐庐县：在浙江省西部、富春江沿岸。属杭州市。三国吴置县。

谷，歙州生婺源①山谷，与衡州同，润州②、苏州③又下润州，江宁县④生傲山；苏州，长洲县⑤生洞庭山，与金州、蕲州、梁州同。

<hr>

① 婺源：在江西省东北部、乐安江上游，邻接浙江、安徽两省。唐置县。

② 润州：隋开皇十五年（595）置，以州东有润浦得名。治延陵（唐改丹徒，今镇江）。唐辖境相当今江苏南京、镇江、丹阳、句容等市地。

③ 苏州：隋开皇九年（589）改吴州为苏州，以姑苏山得名。大业初复为吴州，又改吴郡，唐武德四年（621）又改苏州。治吴县（隋自今苏州市移治市西南横山东麓，唐武德七年还旧治）。

④ 江宁县：秦为秣陵县。西晋太康元年（280）分置临江县，二年改江宁县。

⑤ 长洲县：武周万岁通天元年（696）分吴县置，取长洲苑为名。治所与吴县同城，在今江苏苏州市。1912年并入吴县。自唐至明，与吴县历为苏州、平江府、平江路、苏州府治所。

剑南①：以彭州②上生九陇县③马鞍山至德寺、棚口，与襄州同，绵州④、蜀州⑤次绵州龙安县生松岭关，与荆州同，其西昌⑥、昌明、神泉县西山者并佳；有过松岭者，不堪采。蜀州青城县⑦生丈人山，与绵州同。青城县有散茶、末茶，邛州⑧次，雅州⑨、泸州⑩下雅州百丈

---

① 剑南：唐贞观十道、开元十五道之一。唐贞观元年（627）置，以在剑阁之南得名。开元以后治益州（今成都）。

② 彭州：唐垂拱二年（686）设，治九陇县。唐天宝初更多为蒙阳郡，唐乾元初复为彭州。

③ 九陇县：北周武成二年（560）改南晋寿县置，属九陇郡。治所在今四川彭州西北。隋属蜀郡。唐为彭州治，移治今四川彭州。

④ 绵州：隋开皇五年（585）置，治巴西（今绵阳东）。以绵水得名。唐辖境相当今四川罗江上游以东、潼河以西江油、绵阳二市间的涪江流域，其后略有变迁。

⑤ 蜀州：唐垂拱二年析益州置，治所在晋原县（今四川崇州）。天宝元年（742）改为唐安郡。乾元元年（758）复为蜀州。

⑥ 西昌：唐永淳元年（682）设置，属绵州。

⑦ 青城县：北周天和四年（569）改齐基县为清城县，因山为名。唐开元中改"清"为"青"。治今四川都江堰市东南。

⑧ 邛（qióng）州：南朝梁置。唐初治依政（今邛崃东南），显庆中移治临邛（今邛崃）。辖今四川邛崃、大邑、蒲江等市县地。

⑨ 雅州：隋仁寿四年（604）置州，因境内雅安山得名。治严道（今雅安市西）。唐辖境相当今四川雅安、荥经、天全、芦山、小金等地。

⑩ 泸州：南朝梁大同中置。治江阳（隋大业初，改名泸川县，今泸州市）。

山、名山，泸州泸川①者，与金州同也。眉州②、汉州③
又下眉州丹棱县④生铁山者，汉州绵竹县⑤生竹山者，与
润州同。

浙东⑥：以越州上余姚县生瀑布泉岭，曰仙茗，大
者殊异，小者与襄州同，明州⑦、婺州次明州，鄮县⑧生

---

① 泸川：隋大业元年（605）改江阳县置，为泸州治。大业三年（607）
　为泸川郡治。唐武德元年（618）为泸州治。治所在今四川泸州。
② 眉州：西魏废帝三年（554）改青州置，治齐通（隋改通义，宋改眉
　山，即今市）。因峨眉山为名。唐辖境相当今四川眉山、丹棱、洪
　雅、青神等市县地。
③ 汉州：唐垂拱二年（686）分益州置，治所在雒（luò）县（今四川广
　汉）。天宝元年（742）改为德阳郡，乾元元年（758）复改为汉州。
④ 丹棱县：在四川省中东部、岷江及其支流青衣江间。属眉山市。北周
　置齐乐县，后改洪雅县。隋改丹棱县。
⑤ 绵竹县：在四川省中东部、沱江上游。德阳市代管。东晋置晋熙县，
　隋改绵竹县。
⑥ 浙东：唐代方镇名。浙江东道的简称。乾元元年置。治越州（今浙江
　绍兴）。长期领有越、衢、婺、温、台、明、处七州，相当今浙江衢
　江流域、浦阳江流域以东地区。
⑦ 明州：唐开元二十六年（738）置州，治鄮县（今宁波南，大历时移今
　宁波，五代吴越改名鄞县）。以境内有四明山得名。辖境相当今浙江
　甬江流域及慈溪市、舟山群岛等地。
⑧ 鄮县：唐属明州，为明州治所，五代吴越时改称鄞县。

榆荚村；婺州，东阳县①东白山，与荆州同，台州②下台
州，始丰县③生赤城者，与歙州同。

黔中④：生思州⑤、播州⑥、费州⑦、夷州⑧。

---

① 东阳县：在浙江省中部、金华江上游。东汉置汉宁县，三国吴改吴宁
  县，隋废。唐置东阳县。

② 台（tāi）州：唐武德五年（622）改海州为台州，治临海（今市）。以
  境北天台山得名。辖境相当今浙江台州、临海、温岭、仙居、天台、
  宁海、象山等市县。

③ 始丰县：本始平县，晋太康元年（280）因与雍州始平县重名，改为始
  丰县，治今浙江天台县。

④ 黔中：唐开元十五道之一。开元二十一年（733）分江南道置，治黔州
  （治今重庆彭水东北）。辖境相当今湖南沅江、澧水流域张家界、桃
  源以西，湖北清江流域、重庆黔江流域和贵州大部分。

⑤ 思州：唐贞观四年（630）改务州置州。治务川（今贵州沿河东，宋移
  今务川）。辖今贵州务川、印江、沿河和重庆市酉阳、秀山等县地，
  唐末废。

⑥ 播州：唐贞观初置郎州，旋废。十三年（639）复置改名。治恭水（旋
  改名遵义，今贵州遵义，一说今绥阳县治附近）。辖境相当今贵州遵
  义市和桐梓等县地，唐末废。

⑦ 费州：北周宣政元年（578）置，治所即今贵州思南县。唐贞观十一年
  （637）移涪川县于此，为费州治。天宝初改为涪川郡，乾元初复为
  费州。

⑧ 夷州：唐武德四年（621）置，贞观元年（627）废。贞观四年复置，
  移治都上县（今贵州凤冈东南）。十一年（637）移治绥阳县（今贵州
  凤冈北绥阳镇）。

江南①：生鄂州②、袁州③、吉州④。

岭南⑤：生福州⑥、建州⑦、韶州⑧、象州⑨福州，

---

① 江南：唐贞观十道之一。辖今浙江、福建、江西、湖南等省及江苏、安徽的长江以南，湖北、四川、重庆市江南一部分和贵州东北部地区。开元二十一年（733）分为东、西二道。此处指江南西道，开元二十一年分江南道置。治洪州（今江西南昌市），统辖宣、饶、抚、虔、洪、吉、袁、郴、江、鄂、岳、潭、衡、永、道、邵、澧、郎、连等州，相当今江西、湖南（沅陵以南的沅水流域除外）、皖南及湖北东部的江南地区。

② 鄂州：隋开皇九年（589）改郢州为鄂州。治江夏（今武汉市武昌区）。唐辖境相当今湖北武汉市长江以南部分、黄石市和咸宁市辖区。

③ 袁州：隋开皇十一年（591）置。因境内袁山得名。治宜春（今市）。唐辖境相当今江西萍乡市和新余市以西的袁水流域。

④ 吉州：隋开皇十年（590）置州。唐治庐陵（今吉安）。辖境相当今江西新干、泰和间的赣江流域及安福、永新等县地。

⑤ 岭南：唐贞观十道、开元十五道之一，以在五岭之南得名。开元时治广州（今市）。范围约当今广东、广西大部、海南、云南南盘江以南和越南北部地区。

⑥ 福州：唐开元十三年（725）改闽州置州，治闽县（今福州）。因州西北福山得名。辖境相当今福建尤溪口以东的闽江流域和洞宫山以东地区。

⑦ 建州：唐武德四年（621）置。治建安（今建瓯）。辖境相当今福建南平市以上的闽江流域（沙溪中上游除外）。

⑧ 韶州：隋开皇九年改东衡州置州，以州北有韶石得名。旋废。唐贞观初复置。治曲江（今韶关市西南，五代南汉移治今市），辖境相当今广东韶关、乐昌、仁化、南雄、翁源等市县地。

⑨ 象州：隋开皇十一年置，大业二年（606）废。唐武德四年复置。

生闽县^①方山之阴也。

其思、播、费、夷、鄂、袁、吉、福、建、韶、象十一州未详，往往得之，其味极佳。

---

① 闽县：隋开皇十二年（592）改原丰县置。治今福建福州市。1913年与
侯官县合并为闽侯县。隋为建安郡治所。唐至清与侯官县同为福州、
福州路、福州府治所。

鳥語竹風細春深茶兩香　青桐居士

九

之

略

其造具：若方①春禁火②之时，于野寺山园丛手而掇③，乃蒸、乃舂、乃炀，以火干之，则又棨、扑、焙、贯、棚、穿、育等七事皆废。

其煮器：若松间石上可坐，则具列废。用槁薪、鼎䥂之属，则风炉、灰承、炭挝、火筴、交床等废。若瞰泉临涧④，则水方、涤方、漉水囊废。若五人已下，茶可末而精者，则罗废。若援藟跻岩⑤，引絚⑥入洞，于山口炙而末之，或纸包、盒贮，则碾、拂末等废。既瓢、碗、筴、札、熟盂、鹾簋悉以一筥盛之，则都篮废。但城邑之中，王公之门，二十四器⑦阙一，则茶废矣。

---

① 方：正当。
② 禁火：旧俗清明前一日为"寒食"。寒食不举火，故称"禁火"。宗懔《荆楚岁时记》："去冬节一百五日，即有疾风甚雨，谓之寒食，禁火三日。"
③ 丛手而掇：大家一同采摘茶叶。
④ 瞰泉临涧：靠近泉水或溪涧。
⑤ 援藟（lěi）跻（jī）岩：攀附着藤蔓登上山岩。藟，藤。跻，登；升。
⑥ 絚（gēng）：粗索。
⑦ 二十四器：饮茶时使用的器皿。此处说的是二十四种器具。

十之图

以绢素①或四幅②或六幅，分布写之，陈诸座隅③，则茶之源、之具、之造、之器、之煮、之饮、之事、之出、之略，目击④而存，于是《茶经》之始终备焉。

---

① 绢素：可用以作书画用的白绢。《新唐书·裴行俭传》："行俭工草隶，名家。帝尝以绢素诏写《文选》。"
② 幅：布帛的宽度。古时候一幅长为一尺八寸。
③ 座隅：挨着座位的角落，就是座位的旁边。
④ 目击：目光触及，看见。

附录

茶与诗

清明即事

[唐]孟浩然

帝里重清明，人心自愁思。

车声上路合，柳色东城翠。

花落草齐生，莺飞蝶双戏。

空堂坐相忆，酌茗聊代醉。

同群公宿开善寺赠陈十六所居

[唐]高适

驾车出人境，避暑投僧家。

裴回龙象侧，始见香林花。

读书不及经，饮酒不胜茶。

知君悟此道，所未搜袈裟。

谈空忘外物，持诚破诸邪。

则是无心地，相看唯月华。

洛阳尉刘晏与府掾诸公茶集天宫寺岸道上人房

[唐]王昌龄

良友呼我宿，月明悬天宫。

道安风尘外，洒扫青林中。

削去府县理，豁然神机空。

自从三湘还，始得今夕同。

旧居太行北，远宦沧溟东。

各有四方事，白云处处通。

陪族叔当涂宰游化城寺升公清风亭

[唐]李白

化城若化出，金榜天宫开。

疑是海上云，飞空结楼台。

升公湖上秀，粲然有辩才。

济人不利己，立俗无嫌猜。

了见水中月，青莲出尘埃。

闲居清风亭，左右清风来。

当暑阴广殿，太阳为裴回。

茗酌待幽客，珍盘荐雕梅。

飞文何洒落，万象为之摧。

季父拥鸣琴，德声布云雷。

虽游道林室，亦举陶潜杯。

清乐动诸天，长松自吟哀。

留欢若可尽，劫石乃成灰。

酬严少尹徐舍人见过不遇

[唐]王维

公门暇日少，穷巷故人稀。

偶值乘篮舆，非关避白衣。

不知炊黍谷，谁解扫荆扉。

君但倾茶碗，无妨骑马归。

吃茗粥作

[唐]储光羲

当昼暑气盛，鸟雀静不飞。

念君高梧阴，复解山中衣。

数片远云度，曾不蔽炎晖。

淹留膳茶粥，共我饭蕨薇。

敝庐既不远，日暮徐徐归。

谢陆处士杼山折青桂花见寄之什

[唐] 颜真卿

群子游杼山，山寒桂花白。

绿芜含素萼，采折自逋客。

忽枉岩中诗，芳香润金石。

全高南越蠹，岂谢东堂策。

会惬名山期，从君恣幽觌。

进艇

[唐] 杜甫

南京久客耕南亩，北望伤神坐北窗。

昼引老妻乘小艇，晴看稚子浴清江。

俱飞蛱蝶元相逐，并蒂芙蓉本自双。

茗饮蔗浆携所有，瓷罂无谢玉为缸。

与赵莒茶宴

[唐]钱起

竹下忘言对紫茶，全胜羽客醉流霞。

尘心洗尽兴难尽，一树蝉声片影斜。

送陆羽之茅山寄李延陵

[唐]刘长卿

延陵衰草遍，有路问茅山。

鸡犬驱将去，烟霞拟不还。

新家彭泽县，旧国穆陵关。

处处逃名姓，无名亦是闲。

日曜上人还润州

[唐]皎然

送君何处最堪思，孤月停空欲别时。

露茗犹芳邀重会，寒花落尽不成期。

鹤令先去看山近，云碣初飞到寺迟。

莫倚禅功放心定，萧家陵树误人悲。

会稽东小山

[唐]陆羽

月色寒潮入剡溪，青猿叫断绿林西。

昔人已逐东流去，空见年年江草齐。

喜园中茶生

[唐]韦应物

洁性不可污，为饮涤尘烦。

此物信灵味，本自出山原。

聊因理郡余，率尔植荒园。

喜随众草长，得与幽人言。

新茶咏寄上西川相公二十三舅大夫二十舅

[唐]卢纶

三献蓬莱始一尝，日调金鼎阅芳香。

贮之玉合才半饼，寄与阿连题数行。

寄卢仝

[唐]韩愈

玉川先生洛城里，破屋数间而已矣。

一奴长须不裹头，一婢赤脚老无齿。

辛勤奉养十余人，上有慈亲下妻子。

先生结发憎俗徒，闭门不出动一纪。

至今邻僧乞米送，仆忝县尹能不耻。

俸钱供给公私余，时致薄少助祭祀。

劝参留守谒大尹，言语才及辄掩耳。

水北山人得名声，去年去作幕下士。

水南山人又继往，鞍马仆从塞闾里。

少室山人索价高，两以谏官征不起。

彼皆刺口论世事，有力未免遭驱使。

先生事业不可量，惟用法律自绳己。

春秋三传束高阁，独抱遗经究终始。

往年弄笔嘲同异，怪辞惊众谤不已。

近来自说寻坦途，犹上虚空跨绿駬。

去年生儿名添丁，意令与国充耘耔。

国家丁口连四海，岂无农夫亲未耜。

先生抱才终大用，宰相未许终不仕。

假如不在陈力列，立言垂范亦足恃。

苗裔当蒙十世宥，岂谓贻厥无基址。

故知忠孝生天性，洁身乱伦安足拟。

昨晚长须来下状，隔墙恶少恶难似。

每骑屋山下窥阚，浑舍惊怕走折趾。

凭依婚媾欺官吏，不信令行能禁止。

先生受屈未曾语，忽此来告良有以。

嗟我身为赤县令，操权不用欲何俟。

立召贼曹呼伍伯，尽取鼠辈尸诸市。

先生又遣长须来，如此处置非所喜。

况又时当长养节，都邑未可猛政理。

先生固是余所畏，度量不敢窥涯涘。

放纵是谁之过欤，效尤戮仆愧前史。

买羊沽酒谢不敏，偶逢明月曜桃李。

先生有意许降临，更遣长须致双鲤。

尝茶

[唐]刘禹锡

生拍芳丛鹰觜芽，老郎封寄谪仙家。

今宵更有湘江月，照出菲菲满碗花。

睡后茶兴忆杨同州

[唐]白居易

昨晚饮太多，嵬峨连宵醉。

今朝餐又饱，烂熳移时睡。

睡足摩挲眼，眼前无一事。

信脚绕池行，偶然得幽致。

婆娑绿阴树，斑驳青苔地。

此处置绳床，傍边洗茶器。

白瓷瓯甚洁，红炉炭方炽。

沫下曲尘香，花浮鱼眼沸。

盛来有佳色，咽罢余芳气。

不见杨慕巢，谁人知此味？

走笔谢孟谏议寄新茶

[唐]卢仝

日高丈五睡正浓，军将打门惊周公。

口云谏议送书信，白绢斜封三道印。

开缄宛见谏议面，手阅月团三百片。

闻道新年入山里，蛰虫惊动春风起。

天子须尝阳羡茶，百草不敢先开花。

仁风暗结珠琲瓃，先春抽出黄金芽。

摘鲜焙芳旋封里，至精至好且不奢。

至尊之余合王公，何事便到山人家。

柴门反关无俗客，纱帽笼头自煎吃。

碧云引风吹不断，白花浮光凝碗面。

一碗喉吻润，两碗破孤闷。

三碗搜枯肠，唯有文字五千卷。

四碗发轻汗，平生不平事，尽向毛孔散。

五碗肌骨清，六碗通仙灵。

七碗吃不得也，唯觉两腋习习清风生。

蓬莱山，在何处？

玉川子，乘此清风欲归去。

山上群仙司下土，地位清高隔风雨。

安得知百万亿苍生命，堕在巅崖受辛苦。

便为谏议问苍生，到头还得苏息否？

贬江陵途中寄乐天
杓直杓直以员外郎判盐铁乐天以拾遗在翰林
[唐]元稹

想到江陵无一事，酒杯书卷缀新文。

紫芽嫩茗和枝采，朱橘香苞数瓣分。

暇日上山狂逐鹿，凌晨过寺饱看云。

算缗草诏终须解，不敢将心远羡君。

郊居即事
[唐]贾岛

住此园林久，其如未是家。

叶书传野意，檐溜煮胡茶。

雨后逢行鹭，更深听远蛙。

自然还往里，多是爱烟霞。

始为奉礼忆昌谷山居

[唐]李贺

扫断马蹄痕，衔回自闭门。

长枪江米熟，小树枣花春。

向壁悬如意，当帘阅角巾。

犬书曾去洛，鹤病悔游秦。

土甑封茶叶，山杯锁竹根。

不知船上月，谁棹满溪云？

西陵道士茶歌

[唐]温庭筠

乳窦溅溅通石脉，绿尘愁草春江色。

涧花入井水味香，山月当人松影直。

仙翁白扇霜乌翎，拂坛夜读黄庭经。

疏香皓齿有余味，更觉鹤心通杳冥。

即目

[唐]李商隐

小鼎煎茶面曲池，白须道士竹间棋。

何人书破蒲葵扇，记著南塘移树时。

即事二首（其一）

[唐]司空图

茶爽添诗句，天清莹道心。

只留鹤一只，此外是空林。

冬晓章上人院

[唐]皮日休

山堂冬晓寂无闻，一句清言忆领军。

琥珀珠黏行处雪，棕榈帚扫卧来云。

松扉欲启如鸣鹤，石鼎初煎若聚蚊。

不是恋师终去晚，陆机茸内足毛群。

信笔

[唐]韩偓

春风狂似虎，春浪白于鹅。

柳密藏烟易，松长见日多。

石崖采芝叟，乡俗摘茶歌。

道在无伊郁，天将奈尔何。

和夏日直秘阁之什

[宋]李昉

静卧蓬山养道情，百司繁冗尽堪轻。

窗前竹撼森疏影，树杪蝉吟断续声。

闲蹑绿莎芒作履，旋烹芳茗石为铛。

料君难恋神仙境，重筑沙堤走马行。

黄少卿惠绿云汤

[宋]杨亿

新甫奇材百尺标，秋空高干拂鹏霄。

仙经药品夸难老，人世霜天贵后凋。

千古贞魂愁化实，九原荒垄恨为樵。

谁研露叶和云液，几宿春醒一啜消。

观文丁右丞求赐茶因奉短诗二章

[宋]宋庠

金门高隐宰官身，尽把功名付客尘。

慧露真腴内消热，可烦霞脚一瓶春。

寄题赵叔平嘉树亭

[宋]苏舜钦

嘉树名亭古意同，拂檐围砌共青葱。

午阴闲淡茶烟外，晓韵萧疏睡雨中。

开户常时对君子，绕轩终日是清风。

盘根得地年年盛，岂学春林一晌红。

送陆权叔提举茶税

[宋]苏洵

君家本江湖，南行即邻里。

税茶虽冗繁，渐喜官资美。

嗟君本笃学，寤寐好文字。

往年在巴蜀，忆见《春秋》始。

名家乱如发，棼错费寻理。

今来未五岁，新《传》动盈几。

又言欲治《易》，杂说书万纸。

君心不可测，日夜涌如水。

何年重相逢，只益使余畏。

但恐茶事多，乱子《易》中意。

茶《易》两无妨，知君足才思。

尝茶

[宋]沈括

谁把嫩香名雀舌，定知北客未曾尝。

不知灵草天然异，一夜风吹一寸长。

月兔茶

[宋]苏轼

环非环，块非块，中有迷离玉兔儿。

一似佳人裙上月，月圆还缺缺还圆，

此月一缺圆何年？

君不见斗茶公子不忍斗小团，上有双衔绶带双飞鸾。

午寝

[宋]苏辙

食饱年来幸有秋，倒床清梦百无忧。

忍饥终愧首阳客，睡足何须云梦州。

冰酒黄封生不喜，春芽紫笋向谁求？

平生尚有书魔在，一卷还堪作枕头。

留题慧山寺

[宋]张商英

咸阳获重之明年，五月端午予泛船。

二闸新成洞常润，组练直贯吴松川。

淮南柁师初入浙，借问邑里犹茫然。

茶经旧说慧山泉，海内知名五十年。

今日亲来酌泉水，一见信异传闻千。

置茶适自建安到，青杯石臼相争先。

辗罗万过玉泥腻，小瓶蟹眼汤正煎。

乳头云脚盖盏面，吸嗅入鼻消睡眠。

涤釜操壶贮甘液，缄题远寄朱门宅。

仙人见水是琉璃，乃知陆羽非凡客。

将之苕溪戏作呈诸友（其二）

[宋]米芾

半岁依修竹，三时看好花。

懒倾惠泉酒，点尽壑源茶。

主席多同好，群峰伴不哗。

朝来还蠹简，便起故巢嗟。

赠鲁直

[宋]陈师道

相逢不用蚤，论交宜晚岁。

平生易诸公，斯人真可畏。

见之三伏中，凛凛有寒意。

名下今有人，胸中本无事。

神物护诗书，星斗见光气。

惜无千人力，负此万乘器。

生前一樽酒，拨弃独何易。

我亦奉斋戒，妻子以为累。

子如双井茶，众口愿其尝。

顾我如麦饭，犹足填饥肠。

陈诗传笔意，愿立弟子行。

何以报嘉惠，江湖永相忘。

宫词（其三十九）
[宋]赵佶

今岁闽中别贡茶，翔龙万寿占春芽。

初开宝箧新香满，分赐师垣政府家。

西归舟中怀通泰诸君
[宋]吕本中

一双一只路傍堠，乍有乍无天际星。

乱叶入船侵破衲，疾风吹水拥枯萍。

山林何谢难方驾，诗语曹刘可乞灵。

酒碗茶瓯俱不厌，为公醉倒为公醒。

陪诸公登南楼啜新茶

[宋]陈与义

建康九酝美，侑以八品珍。

除瘴去热恼，与茶不相亲。

满月堕九天，紫面光磷磷。

平生酪奴谤，脉脉气未申。

定论得公诗，雅号知凝神。

执持甘露碗，未觉有等伦。

破睡及四座，愧我非嘉宾。

危楼与世隔，万事不及唇。

成公方坐啸，赏此玉花匀。

收杯未要忙，再试晴天云。

开口得一笑，兹游念当频。

闭眼归默存，助发梨枣春。

赐僧守璋

[宋]赵构

古寺春山青更妍，长松修竹翠含烟。

汲泉拟欲增茶兴，暂就僧房借榻眠。

乙酉社日偶题

[宋]杨万里

愁边节里两相关，茶罢呼儿捡历看。

社日雨多晴较少，春风晚暖晓犹寒。

也思散策郊行去，其奈缘溪路未干。

绿暗江明非我事，且寻野蕨作蔬盘。

康王谷水帘

[宋]朱熹

循山西北鹜，崎岖几经丘。

前行荒蹊断，豁见清溪流。

一涉台殿古，再涉川原幽。

萦纡复屡渡，乃得寒岩陬。

飞泉天上来，一落散不收。

披崖日璀璨，喷壑风飔飖。

追薪爨绝品，瀹茗浇穷愁。

敬酹古陆子，何年复来游？

以茶芽焦坑送周德友德友来索赐茶仆无之也 (其一)

[宋]张孝祥

帝家好赐蔺云龙，祇到调元六七公。

赖有家山供小草，犹堪诗老荐春风。

以茶芽焦坑送周德友德友来索赐茶仆无之也 (其二)

[宋]张孝祥

仇池诗中识焦坑，风味官焙可抗行。

钻余权幸亦及我，十辈走前公试烹。

再用元韵因简县庠诸先辈

[宋]王炎

书生卯饭动及午，姜糁菜丝烦自煮。

异时甘脆屋渠渠，出自空肠千卷书。

竹间杵白相敲击，茶不疗饥何苦吃。

泉新火活费裁排，呼奴更挈铜瓶来。

蜀客见之心逐逐，暂借纸窗休茧足。

归欤家在淮湖边，草魁可买无青钱。

不办云腴供粥饮，空有束诗如束笋。

青箬小分鹰爪香，江上挐舟当远引。

龟父国宾二周丈同游谷帘（其一）
[宋]王阮

偶然得意挹珍流，二妙欣然共胜游。

怪得坐间无俗语，谷帘泉水建茶瓯。

题鹤鸣亭（其二）
[宋]辛弃疾

莫被闲愁挠太和，愁来只用暗消磨。

随流上下宁能免，惊世功名不用多。

闲看蜂卫足官府，梦随蚁斗有干戈。

疏帘竹簟山茶碗，此是幽人安乐窝。

和葛天民呈吴韬仲韵赋其庭馆所有

[宋]叶绍翁

江远潮痕细，城回路势斜。

竹行穿砌笋，风堕过墙花。

篆叶虫留字，衔泥燕理家。

主人清到骨，相对只杯茶。

谢惠计院分饷新茶

[宋]吴潜

乾坤正气清且劲，长挟春风作襟韵。

不惟散满诗人脾，还入灵根茁苕颖。

顾山仙人昙滞家，带春搜摘黄金芽。

捣碎云英琢苍璧，旋泻玉瓷浮白花。

半瓯和露沾喉吻，甘润绕肌香贯顶。

孔光贤处不脂韦，长孺直时无苦梗。

平生腐儒汤饼肠，不堪入饼分头纲。

多君乡味裹将送，谓我诗情应得尝。

分无蛾眉捧玉碗，亦乏撑肠五千卷。

活火新泉点啜来，俨若少阳人觌面。

饮散登台嗅老香，却忆家山菊径荒。

明朝便作玉川子，两腋乘风归故乡。

中秋前一日雨送罂粟戎葵子与刘元辉

[宋]方回

小雨翻锄土带沙，戎葵罂粟送诗家。

敢争天上中秋月，且种人间隔岁花。

小稔米今犹未贱，固穷酒可不须赊。

乘闲傥肯来相过，有水吾能自煮茶。

春景·禅房花木深

[宋]刘辰翁

此处少人迹，禅房深客心。

殿廊常寂寂，花木自深深。

面壁看红影，蒲团对绿阴。

定回蜂欲逗，香在蝶难寻。

棋电惊青子，茶烟出半林。

客来参话久，隔屋听鸣禽。

采茶词

[明]高启

雷过溪山碧云暖，幽丛半吐枪旗短。

银钗女儿相应歌，筐中摘得谁最多？

归来清香犹在手，高品先将呈太守。

竹炉新焙未得尝，笼盛贩与湖南商。

山家不解种禾黍，衣食年年在春雨。

煮茶

[明]文徵明

绢封阳羡月，瓦缶惠山泉。

至味心难忘，闲情手自煎。

地炉残雪后，禅榻晚风前。

为问贫陶穀，何如病玉川？

某伯子惠虎丘茗谢之

[明]徐渭

虎丘春茗妙烘蒸，七碗何愁不上升。

青箬旧封题谷雨，紫沙新罐买宜兴。

却从梅月横三弄，细搅松风炧一灯。

合向吴侬彤管说，好将书上玉壶冰。

武夷茶歌

[清]释超全

建州团茶始丁谓，贡小龙团君谟制。

元丰敕献密云龙，品比小团更为贵。

元人特设御茶园，山民终岁修贡事。

明兴茶贡永革除，玉食岂为遐方累。

相传老人初献茶，死为山神享庙祀。

景泰年间茶久荒，喊山岁犹供祭费。

输官茶购自他山，郭公青螺除其弊。

嗣后岩茶亦渐生，山中借此少为利。

往年荐新苦黄冠，遍采春芽三日内。

搜尽深山粟粒空，官令禁绝民蒙惠。

种茶辛苦甚种田，耘锄采摘与烘焙。

谷雨届期处处忙，两旬昼夜眠餐废。

道人山客资为粮，春作秋成如望岁。

凡茶之产准地利，溪北地厚溪南次。

平洲浅渚土膏轻，幽谷高崖烟雨腻。

凡茶之候视天时，最喜天晴北风吹。

苦遭阴雨风南来，色香顿减淡无味。

近时制法重清漳，漳芽漳片标名异。

如梅斯馥兰斯馨，大抵焙时候香气。

鼎中笼上炉火温，心闲手敏工夫细。

岩阿宋树无多丛，雀舌吐红霜叶醉。

终朝采采不盈掬，漳人好事自珍秘。

积雨山楼苦昼间，一宵茶话留千载。

重烹山茗沃枯肠，雨声杂沓松涛沸。

武夷茶

[清]陆廷灿

桑苎家传旧有经，弹琴喜傍武夷君。

轻涛松下烹溪月，含露梅边煮岭云。

醒睡功资宵判牒，清神雅助昼论文。

春雷催茁仙岩笋，雀舌龙团取次分。

李氏小园（节选）

[清]郑燮

兄起扫黄叶，弟起烹秋茶。

明星犹在树，烂烂天东霞。

杯用宣德瓷，壶用宜兴砂。

器物非金玉，品洁自生华。

虫游满院凉，露浓败蒂瓜。

秋花发冷艳，点缀枯篱笆。

闭户成羲皇，古意何其赊！

试茶

[清]袁枚

闽人种茶当种田，郄车而载盈万千。

我来竟入茶世界，意颇狎视心迢然。

道人作色夸茶好，磁壶袖出弹丸小。

一杯啜尽一杯添，笑杀饮人如饮鸟。

云此茶种石缝生，金蕾珠蘖殊其名。

雨淋日炙俱不到，几茎仙草含虚清。

采之有时焙有诀，烹之有方饮有节。

譬如曲蘗本寻常，化人之酒不轻设。

我震其名愈加意，细咽欲寻味外味。

杯中已竭香未消，舌上徐尝甘果至。

叹息人间至味存，但教卤莽便失真。

卢仝七碗笼头吃，不是茶中解事人。

观采茶作歌

[清]爱新觉罗·弘历

火前嫩，火后老，惟有骑火品最好。

西湖龙井旧擅名，适来试一观其道。

村男接踵下层椒，倾筐雀舌还鹰爪。

地炉文火续续添，乾釜柔风旋旋炒。

慢炒细焙有次第，辛苦工夫殊不少。

王肃酪奴惜不知，陆羽《茶经》太精讨。

我虽贡茗未求佳，防微犹恐开奇巧。

防微犹恐开奇巧，采茶揭览民艰晓。